静压开口混凝土管桩沉桩阻力及承载力全过程试验研究

寇海磊　著

中国建筑工业出版社

图书在版编目（CIP）数据

静压开口混凝土管桩沉桩阻力及承载力全过程试验研究/寇海磊著．—北京：中国建筑工业出版社，2018.6
ISBN 978-7-112-22058-8

Ⅰ.①静… Ⅱ.①寇… Ⅲ.①混凝土管桩-沉桩-阻力-承载力-试验研究 Ⅳ.①TU473.1 ②TU753.3

中国版本图书馆CIP数据核字（2018）第069322号

本书基于光纤光栅传感测试技术，结合现场试验、室内物理力学试验及理论分析的方法，对静压开口混凝土管桩贯入成层土地基过程中端阻力及侧摩阻力进行了分离，揭示了桩身残余应力对静压桩贯入及静载荷阶段承载力的影响，建立了桩端阻力、桩侧摩阻力及承载力随时间变化的关系式，并通过静力触探指标对贯入过程中沉桩阻力进行了验证。本书的目的是给土木工程人员提供关于目前在一些区域已经使用且最新可获得的静压开口混凝土管桩相关知识及测试技术的全面性综述。

责任编辑：辛海丽
责任校对：王　瑞

静压开口混凝土管桩沉桩阻力及承载力全过程试验研究
寇海磊　著
*
中国建筑工业出版社出版、发行（北京海淀三里河路9号）
各地新华书店、建筑书店经销
北京红光制版公司制版
北京富生印刷厂印刷
*
开本：787×1092毫米　1/16　印张：7¾　字数：190千字
2018年6月第一版　2018年6月第一次印刷
定价：**35.00**元
ISBN 978-7-112-22058-8
（31956）

前　言

静压开口混凝土管桩沉桩阻力及承载力变化全过程是静压桩研究的重点内容。沉桩过程中桩侧摩阻力及桩端阻力的分离是制约静压桩承载力研究的瓶颈，也是研究静压桩贯入机理及承载力的基础。本书基于静压桩身预埋准分布式 FBG 光纤传感器的开口混凝土管桩现场试验，结合室内物理力学试验，系统地揭示了静压桩贯入过程中沉桩阻力及休止期内承载力发展的变化规律。本书主要工作及成果如下：

沉桩过程中桩侧摩阻力及桩端阻力的分离是桩基承载力研究的关键。本书在总结分析不同土层地基静压桩贯入性状的基础上，通过桩身预埋准分布式 FBG 光纤传感器的现场足尺试验，成功分离了开口 PHC 管桩贯入过程中桩端阻力及侧摩阻力，得到了两者沿深度的变化规律；创新性地提出沉桩阻力分离的扩大头异形桩试验方法，并进行了试验验证。结果表明准分布式 FBG 光纤传感技术分离沉桩阻力效果较好，成层土地基桩侧摩阻力临界深度现象不显著。黏性土地基中扩大头异形桩桩侧摩阻力所占比例约为 10%，按照桩端面积进行折减后与实测结果吻合较好，误差约为 18.4%。扩大头异形桩试验方法可用于现场沉桩阻力的分离，一定程度上能够满足工程实际需要。

本书在成层土地基中进行了单桩静载荷试验及双桥静力触探试验，结合室内物理力学指标测试，揭示了静力触探与静压桩桩端阻力及桩侧摩阻力的差异，发现尺寸效应及土塞效应制约着锥尖阻力与桩端阻力的不同，桩周重塑区土体性状差异则是探杆侧壁摩阻力不同于桩侧摩阻力的主要原因。与原状土相比，重塑区土体重度、黏聚力、内摩擦角等参数增大，含水量降低约 6.73%。静载荷试验过程中土层单位极限摩阻力分别为 101.45kPa、153.21kPa、94.56kPa、67.31kPa，大于规范建议值。基于试验成果，对双桥静力触探估算单桩极限承载力经验公式修正系数进行了量化。现场实测表明，单桩极限承载力、桩侧摩阻力及桩端阻力采用建议修正系数计算值与实测值误差分别为 2.3%、4.5%及 2.3%，效果较好。

残余应力是指贯入过程中单程压桩结束后因桩顶卸荷而内锁于桩身的力。本书利用光纤传感技术对开口混凝土管桩贯入成层土地基中施工残余应力性状展开足尺试验研究，并对沉桩完成后残余应力对桩基承载力的影响及施工残余应力长期变化过程进行了监测。研究表明，开口 PHC 管桩桩身残余应力与平均残余负摩阻力随贯入深度呈折线型分布，Z_n/L_p 介于 0.66～0.92 之间；随沉桩循环次数增加，平均残余负摩阻力增长约 2%～41.25%，某固定深度处桩侧残余负摩阻力有减小的趋势，桩端残余应力大小与桩端土性状及终止压桩力大小密切相关。静载荷试验过程中，忽略桩身残余应力将高估中性面以上桩侧摩阻力约 53.46%，低估中性面以下桩侧摩阻力约 56.62%，低估桩端阻力约 10%。受桩周土作用影响，沉桩结束后桩身残余应力有小幅降低，并趋于一稳定值。

时间效应是指沉桩结束后桩基承载力随沉桩时间增长的现象。本书基于隔时复压试验及静载荷试验，对开口混凝土管桩承载力时效性规律进行了研究，发现单桩极限承载力随时间呈对数型增长，休止期内桩侧摩阻力对单桩极限承载力贡献较大，桩端阻力提高不明显。桩端位于非硬质土层试桩承载力每对数循环增长59%，各土层时间效应系数分别为0.39、0.46、0.89、0.69；桩端位于硬质土层试桩总时效系数较小，约为0.16。桩侧摩阻力时效性室内试验表明滑动摩阻力时效性规律与单桩极限承载力变化规律类似。

目　录

第1章　绪　　论

1.1　研究背景

随着城市建设的快速发展，桩基础应用越来越广泛。早在几千年前，人们就学会利用桩基础将上部结构荷载传递到下部坚硬土层，桩基础应用历史悠久[1]。上部结构物承受荷载越大，造型越复杂，对桩基础承载能力要求越高，其施工工艺也越复杂[2]。按照施工工艺不同，桩基础可分为预制桩及灌注桩等。预制桩主要有混凝土预制桩及钢桩两类，混凝土预制桩尤其是高强预应力混凝土（PHC）管桩因其承载能力高、坚固耐久、施工速度快等优点越来越多地应用于实际工程。

高强预应力混凝土管桩沉桩方式有振动法、锤击法及静力压桩法三种。预制桩振动法施工是在桩身连接一振动锤与之形成振动体系，锤内轴上偏心块相对旋转产生的振动力强迫与桩接触的土层相应振动，使土层强度降低，阻力减小，从而使桩在自重及振动体系作用下沉入土中。锤击法施工是预制桩施工最常用的方法，在20世纪80年代广泛应用，其利用桩锤的冲击力克服土对桩的阻力，使桩沉到预定深度。根据沉桩深度及土层情况，可采用落锤、单动汽锤、双动汽锤、柴油锤、液压锤等对桩顶施压，此施工方法产生较大振动及噪声，对周围环境影响较大，在市区应用受到限制。20世纪60年代，第一台大型静压桩机“Pile master”的问世标志着静力压桩法应用的开始。静力法沉桩（Press-in或Jacking method）是利用桩机自重及配重将预制桩送至预定深度的一种施工工艺，该方法对环境几乎无噪声及振动影响，较为环保，在施工对环境的影响要求较高的市区应用广泛，如图1.1所示。

图1.1　静力压入桩机

1.1.1 静压桩在我国应用现状

20世纪60年代，静压桩在我国最早应用于上海地区[3]，后来随着对施工环境要求越来越高，静力法施工应用越来越广泛，应用范围也由最初的低承载力向高承载力发展。目前静力法施工最大压桩力可达6000～7000kN，施工桩长超过65m，适用于静力压桩法的桩型主要为预制混凝土方桩、预应力混凝土管桩及钢管桩[4]。

国家及各地方性规范对静力压桩法施工介绍较少，如《建筑桩基技术规范》JGJ 94—2008、《上海地基基础设计规范》DGJ 08—11—2010等。虽然各技术规范并不建议将静力压桩法应用于深厚砂层地基施工，但仍有部分学者对其进行了研究。

龚茂波、杨光（1998）[5]报道了两例静压桩应用于9层居民楼的工程实例，其中预制桩为350mm×350mm混凝土方桩，单桩承载力特征值为750kN。第一个工程实例贯入过程中沉桩阻力达到单桩承载力特征值的两倍，并对其进行了3次复压，沉桩完成后埋深约为15.7～20.2m，桩端位于砂质黏土及砂土层，后续静载荷试验表明单桩承载力极限值超过了特征值的两倍。第二个工程实例因土层原因桩端没有到达预定深度。桩体设计埋深约为20m，贯入过程中最大压桩力1600～1700kN仅能满足地表以下13m桩长的贯入需求，此时桩端土 $SPT-N=30$，后续静载荷试验表明，单桩极限承载力为1300kN。武力等（2001）[6]报道了因桩体穿越砂层无法正常贯入的案例。李林涛等（2003）[7]介绍了混凝土方桩静力贯入淤泥质砂层的实例，其中混凝土方桩截面尺寸为400mm×400mm，桩长为20m。

《建筑桩基技术规范》JGJ 94—2008强调，静压桩贯入过程中单程压桩间隔时间至关重要，较长时间间隔将导致桩周土体强度恢复进而造成静压桩再次贯入困难。韩选江（1996）[8]报道了淤泥质黏土地基中4根静压混凝土方桩的工程性状，发现沉桩结束半小时后沉桩阻力增长幅度约36%～66%，变化显著。各地方性规范也强调贯入过程中单程压桩间隔时间不能太长。国内对静压桩终止压桩条件没有统一标准，然而，各地方性规范却给出了适用于各自地区的标准，以施工桩长或终止压桩力作为终压标准，特殊情况下结合复压来实现单桩承载力的控制。例如：广东汕头地区静压桩终压控制标准为：终止压桩力不得小于单桩承载力特征值的1.5～1.7倍；对于14～21m长桩而言，终止压桩力必须大于单桩承载力特征值的1.7～2.0倍，且至少复压3次以上；对于桩长小于14m的桩而言，压桩力应达到单桩承载力特征值的2.0～2.5倍，且至少复压3次以上；当桩长大于21m时，终压控制标准以设计桩长为主，终止压桩力为辅。湖北省武汉市同样对静压桩终压控制标准作出了规定[9]。广东地区技术规范对静压桩基础作出如下规定：

（1）抗浮设计静压桩以设计桩长作为终压控制标准。试桩在沉桩结束24h内进行复压直至达到设计承载力，复压过程中桩顶无附加沉降且桩长能满足工作需要则认为试桩符合要求；

（2）在压桩机械允许的情况下优先选用高承载力静压装置，否则就要对其进行复压，复压次数不应多于2次，且持荷时间不应超过10s。

马来西亚的一些工程咨询公司同样建议对静压桩实行终压控制[10]，规定摩擦桩以设计桩长作为终压控制标准，端承桩则以终止压桩力作为终压控制标准，且最终压桩力应该达到设计承载力的2.5倍，压桩机持荷时间不得少于30s。中国与马来西亚终压控制标准最主要的不同在于最终压桩力的等级。另外，马来西亚终压控制标准没有对复压进行规定。

单桩终止压桩力与极限承载力的关系是众多学者比较关心的一个问题，且现有文献介绍较少。一般而言，终止压桩力不等同于单桩极限承载力，但与其密切相关。试验研究表明，对于黏性土地基长桩而言，极限承载力一般要大于终止压桩力。对于高灵敏性及高固结性黏土，土体强度恢复后，单桩极限承载力能达到最大压桩力的2～3倍[11]。

韩选江（1996）[8]对贯入黏性土地基中相同桩长（23.8m）预制混凝土桩性状进行了比较。试桩终止压桩力分别为750kN及900kN，但单桩极限承载力仅为800kN。认为贯入过程中沉桩阻力主要来源于桩端阻力，而单桩极限承载力则主要由桩侧摩阻力提供。张岩等（1998）[12]报道了一31层建筑物的桩基工程实例。该桩基工程采用1208根混凝土桩，设计承载力特征值为2200kN，采用5200kN静力压桩机施工，施工过程中最小压桩力为4500kN，施工完成后约90%基桩能够达到设计承载力。可见，单桩极限承载力与其经受的最大压桩力密切相关。

国内静力压桩技术还应用在地基处理及已有基础加固方面，称之为锚杆静压桩[13～17]。20世纪80年代，锚杆静压桩在国内首次应用[5]。在应用过程中，锚杆依靠静力贯入地基以支撑原有结构物基础，然后与原有基础连接在一起以承担原有建筑物荷载，此方法适用于短桩混凝土基础及浅基础。锚杆静压桩由几节短桩组成，且最大压桩力不得大于单桩设计承载力的1.5倍。

1.1.2 静压预应力混凝土管桩相比其他桩型的优势

相比其他施工方法而言，静压预应力混凝土管桩具有其独特优势：

（1）静力压桩法施工无噪声，震动小，对周围环境影响较小，适合于市区、具有精密设备地区及其他对施工环境要求高的地区施工。

（2）相比锤击法施工，准静态压桩力能够保证贯入过程中桩身完整性。贯入过程中桩身残余负摩阻力的存在起到了预应力的作用，延缓了混凝土的开裂，提高了桩体结构承载能力。

（3）预应力混凝土管桩承载力高，工厂化生产，能有效节约建筑材料及工程造价。静压法施工速度快，且沉桩过程中贯入阻力可由静压桩机压力表读出，能够动态监测沉桩阻力的变化。

（4）静压桩施工无泥浆污染。相比钻孔灌注桩施工产生大量的废弃泥浆而言，静压桩施工更环保，无污染。

1.1.3 静压预应力混凝土管桩的不足

随着大型建筑物的兴起，静力压桩法应用由多层、低承载力向高层、高承载力发展，但其在应用过程中也暴露出了众多问题：

（1）对于最大压桩力小于240t的静力压桩机而言，静压桩很难穿透砂土层。穿透5～6m密砂层，所需最小吨位的静力压桩机为400t。对于含有大量岩石的地层而言，静力压桩法不太适用，也就是说静力压桩法受地层情况影响较大。

（2）大型静压桩机自重可能超过地基本身承载力，造成静压桩机下陷。

（3）静力压桩机桩箍的设计较为困难，既要能夹紧桩身，又不至于将桩身夹碎。

（4）静压桩机工作所需空间较大，对于紧邻建筑物桩基施工较为困难。

（5）静压桩属于典型的挤土桩，挤土效应对周围环境造成不利影响[18,19]。例如对周边建筑物、构筑物、道路及地下管道造成破坏；静压桩水平抗力小，抗弯抗剪性能差，在挤土效应严重地区，容易造成管桩断裂。

1.2 国内外研究现状综述

1.2.1 桩端阻力与桩侧摩阻力分离试验研究

国内外对于桩端阻力及侧摩阻力分离的研究可以分为两类：一类为模型桩试验，主要借助于模型槽或离心机实现，即在模型桩（钢桩或混凝土桩）桩端及侧壁安装测力元件，或者将桩端和桩身经过特殊处理，以测得桩体贯入过程中桩端阻力及侧壁阻力，从而推得足尺桩贯入过程中桩端阻力及侧摩阻力。另一类为足尺桩试验，借助于现场原位试验，预先在桩身或桩端安装测试元件，以测试贯入过程中桩端阻力及桩侧摩阻力。

Kerisel（1962）[20]采用不同规格的平底探头（直径为45～320mm）在不同密实度均匀石英砂中进行大量试验，观测到了端阻力及侧摩阻力随深度变化的过程。

Banerjee等（1982）[21]通过桩身安装测试元件，实现了桩体贯入模型槽过程中应力及土体位移测试。

西南交通大学利用柔性边界标定罐，分别用面积为10cm^2、6.16cm^2、4.52cm^2、2.54cm^{2}的单桥探头，对标准砂进行了等压力静力触探试验研究。

陈维家等（1988）[22]利用面积为15cm^{2}的静力触探探头对长沙地区粗、中、细砂在不同密实度下性状进行了试验研究，并利用白光散斑光测技术观测到了直径为2cm的探头半模贯入过程中土体位移场及其发展规律。

White（2002）[23]通过平面应变试验箱及离心机静压桩模型试验，动态地观测到了模型桩沉桩位移场，研究了土体种类及初始密度对其影响，提出了桩端和桩侧摩阻力分布的预测“竖向拱线理论”，对砂土中静压桩机理进行了探讨。

胡立峰等（2009）[24]利用液压千斤顶将管内壁贴有应变片的钢管桩（外径40mm，壁厚0.8mm）压入3.0m×3.0m×4.5m的大型模型槽，观测到了模型桩贯入过程中端阻力及侧壁阻力变化，并对后期静载荷试验进行了观察。

周健等（2009）[25]通过模型槽试验对密实砂中静压桩沉桩过程进行了分析，对桩体贯入过程中动端阻力、动侧摩阻力的发展规律及临界深度问题进行了揭示。

足尺桩试验方面，Broms和Hellman（1968）[26]通过监测沉桩过程中桩身下部压缩变形成功分离了贯入过程中侧摩阻力及端阻力。

张明义等（2000）[27]通过安装自制桩端压力传感器测得了静压桩贯入层状土地基中桩端阻力变化情况。自制压力传感器由钢板、贴有应变片的钢管焊接而成，通过实验室标定获得应力-应变关系，并通过桩身上拔时桩端不参与工作获得桩侧摩阻力。

陈全福等（2002）[28]在进行静压预制桩现场试验研究中，提出了预制桩成型过程中桩端埋置钢弦式土压力盒的方法，该方法能够记录贯入过程中桩入土深度及端阻力。此试验没有行之有效的方法获得桩侧摩阻力，而且预制桩制作时桩端埋置土压力盒有一定难度，土压力盒可靠性也是值得考虑的问题。

施峰（2004）[29]研究PHC管桩荷载传递时，用型钢或钢筋笼设置好测力元件后插入管桩桩孔，然后灌水泥浆，与管桩合为一体，这种方法加大了管桩截面刚度，在一定程度上改变了桩体受力状态。

冷伍明等（2004）[30]研究基桩现场试验时，提出了预制管桩应变计设置方法和工艺，通过在预制桩制作时预埋一块钢板，在钢板上粘贴应变片，预制桩制作时预埋穿线管，使应变计导线从桩身内部通过，还提出了钢筋混凝土预制管桩侧向土压力盒安装方法。

俞峰（2004）[31]在香港地区通过静压6根安装振弦式钢筋应力计的H型钢桩，实现了贯入过程中桩身轴力监测，但这种传感器的布设方法对PHC管桩显然是不合适的。

张永雨（2006）[32]，潘艳辉等（2007）[33]进行了PHC管桩中预埋钢筋计的现场测试，在静压桩贯入过程中测得桩身轴力，由于管桩生产过程温度高，要用高温应变计，成本高且存活率低，该方法难以推广。

Abdul Aziz和Lee，S. K.（2006）[34]研制了一种可回收式的应变测试计，待沉桩结束后用支爪固定在管桩孔中测试，这是对传统测试方法的有益改进，但这种测试方法仅适用于沉桩完成以后的静载荷试验阶段应力测试，不能用于沉桩过程的测试。

近年来光纤传感测试技术蓬勃发展，与传统测试方法相比，光纤测试具有许多优点。在光纤测试研究方面，余小奎（2006）[35]与南京大学光电传感工程监测中心合作，利用光纤传感监测技术中的布里渊光时域反射计（BOTDR）对锤击PHC管桩成功进行测试。但测试是在每隔2m打桩停歇时间进行，每次采样时间需要15min，这对于研究贯入过程的静压桩测试显然是不允许的。

A. Klar等（2006）[36]进行了单桩静载过程中采用BOTDR分布式光纤技术及布设离散传感器的比较，并从经济性方面进行了阐述。

宋建学等（2007）[37]采用BOTDR分布式光纤技术成功对静载过程中后注浆大直径超长桩桩身应变分布进行了监测。

魏广庆等（2008）[38]采用布里渊时域反射技术（BOTDR）对灌注桩进行了分布式应变监测，取得了较为理想的效果。

邢皓枫等（2009）[39]进行过PHC管桩静载阶段的BOTDR方法测试。

1.2.2 静力触探估算单桩极限承载力

静力触探估算单桩极限承载力作为一种行之有效的方法近些年来得到广泛推广应用。利用单桥静力触探估算单桩极限承载力经验公式在我国较为成熟[40]。目前单桥静力触探基本废除，双桥静力触探技术应用广泛，众多学者试图建立其测试指标与单桩极限承载力的关系，并取得了一系列成果。

20世纪70年代，铁路触探组（1979）[41]基于试桩结果统计分析提出了静力触探估算打入混凝土桩极限承载力的综合修正法。

王钟琦（1986）[42]提出了利用双桥静力触探成果估算单桩极限承载力的方法。

陈继成（1987）[43]给出了静力触探成果与单桩极限承载力之间的经验关系公式。

魏杰（1994）[44]结合工程实例给出了静力触探与单桩贯入机理的计算模式、贯入阻力影响范围及贯入阻力临界深度的理论解，并在此基础上推导了静力触探指标与单桩竖向承载力理论相关方程。

刘俊龙（2000）[45]通过双桥静力触探对若干工程地基土的测试，并与单桩竖向静载荷试验结果比较，提出了适合福州地区砂土层地基静压预制桩单桩极限承载力预测公式。

赵春风等（2003）[46]在测得单桩极限侧摩阻力和极限端阻力的基础上，提出了静力触探估算单桩极限承载力的修正公式。

张明义等（2007）[47]结合双桥静力触探成果提出了计算静压桩沉桩阻力的综合调节系数法。

樊向阳等（2007）[48]通过工程实例对比并运用数理统计方法，给出了单桥静力触探与双桥静力触探指标之间的经验公式，并对公式的适用性进行了探讨。

刘永保（2009）[49]通过工程实例分析了经验参数法与静力触探方法估算单桩极限承载力的应用。

俞峰等（2011）[50]在ICP及UWA设计方法基础上发展了HKU设计方法，并对这三种方法的优缺点进行了对比。

刘俊伟（2012）[51]在已有设计方法的基础上，提出了综合考虑土塞效应、挤土效应及侧阻退化效应的静力触探设计方法——ZJU设计法，该方法以静力触探锥尖阻力为基本参数。

国外对静力触探估算单桩极限承载力方法研究较为广泛，如Dutch法[52]、LCPC法[53]等，其中以Jardine等人提出的ICP设计方法及西澳大学提出的UWA设计方法较为著名[54,55]。我国《建筑桩基技术规范》JGJ 94—2008及《上海地基基础设计规范》DGJ 08—11—2010给出了双桥静力触探确定单桩极限承载力经验公式。美国石油协会已经将ICP、UWA设计方法纳入海洋平台设计规程。

1.2.3 桩身残余应力性状研究

静压桩贯入过程中，因桩顶卸荷内锁于桩身的力称为施工残余应力，施工残余应力的存在对桩基承载力具有重要影响。早在1969年，Hunter等[56]对施工过程中桩身残余应力现象进行了描述，认识到了桩身残余应力对桩基承载力的影响。

Gregersen和DiBiagio（1973）[57]对松砂中预制桩施工残余应力进行了报道。

Cooke等（1973）[58]通过预先在桩身安装测试元件对静压桩沉桩过程进行了监测，同样发现了残余应力现象。1979年，其对钢管桩及钻孔灌注桩桩身残余应力进行了对比研究，发现静载荷试验过程中钻孔灌注桩桩身残余应力不可忽略不计[59]。

Vesic（1977）[60]指出桩身残余应力对桩基承载力具有重要影响。

Holloway等（1978）[61]在Vesic研究基础上指出静载荷试验过程中忽略残余应力将高估桩侧摩阻力而低估桩端阻力。张文超（2007）[62]采用有限元软件对卸载后桩身残余应力进行了数值模拟，同样得出了上述结论。此观点得到了Robert[63]的认可。

O'Neill等（1982）[64]试验研究发现，桩长范围内残余应力方向是变化的，并给出了中性面的概念，指出中性面以上残余应力方向向下，中性面以下残余应力方向向上。

Briaud和Tucker（1984）[65]基于标准贯入试验结果荷载传递曲线，提出了一种考虑残余应力的砂土地基中桩基承载力预测方法，并利用该方法对33根桩承载力进行了预测。同年，Goble和Hery[66]对锤击桩残余应力进行了研究。

Rieke和Crowser（1987）[67]通过静载荷试验对砂土地基中4根规格为W14×145的H型桩贯入过程产生的施工残余应力进行了研究。试验表明，桩身残余应力对极限桩端阻力及极限桩侧摩阻力具有重要影响，通过后续竖向抗压及抗拔试验可以明显地减小桩身残余应力。同年，Poulos[68]采用边界元方法对沉桩引起的残余应力进行了预测。

Darrag和Lovell（1989）[69]基于波动方程提出了锤击桩残余应力预测的数值方法。

Randolph 等（1991）[70]认为充分考虑桩身残余应力对认识桩端阻力及桩侧摩阻力分布具有重要影响，并结合试验进行了说明。

Kraft（1991）[71]认为残余应力是临界深度产生的重要原因，此观点同样得到了 Altaee 等[72]及 Fellenius[73]的认可。

Danziger 等（1992）[74]研究发现，桩端残余应力与桩端阻力密切相关，桩端阻力越大，桩端残余应力越大。Costa 等（2001）[75]通过参数分析方法同样得出了上述结论。

Massad（1992）[76]通过构建数学模型对桩端残余应力进行了模拟，认为残余应力对桩顶沉降具有重要影响。

Maiorano 等（1996）[77]对不同地质条件下不同施工方法对桩身残余应力影响进行了研究。

Alawneh 等（2001）[78]给出了桩端残余应力预测公式，该公式综合考虑了桩身弹性模量、桩型及桩周土的影响。

Paik 等（2003）[79]对比分析了开口管桩及闭口管桩残余应力分布情况。研究表明，开口管桩桩身残余应力性状明显不同于闭口桩。

张明义（2001）[80]通过桩底设置自制桩端压力传感器的现场试验对粗砾砂土中预制混凝土方桩桩端残余应力进行了研究。

Zhang 和 Wang（2007）[81]研究发现，H 型钢桩桩身残余应力随贯入深度呈指数型增长趋势，对摩阻力影响主要体现在浅层范围内。

寇海磊（2008）[82]认为压桩完成后桩顶回弹是桩身残余应力的外在表现，建议量取单程压桩结束瞬时桩顶残余回弹量，尝试从宏观上对桩身残余应力进行研究。

Zhang 等（2009）[83]研究表明，静压 H 型钢桩桩身残余应力大于锤击 H 型桩，残余应力的存在对桩侧摩阻力及桩端阻力具有重要影响。

俞峰等（2011）[84,85]通过静压桩身安装测试元件的 H 型钢桩发现，循环加载及循环次数对桩身残余应力具有重要影响，并就其对 O-Cell 试桩法、抗拔承载力及土塞效应影响方面进行了阐述。

刘俊伟等（2012）[86]认为沉桩方法对预制桩残余应力具有重要影响，并通过计算模拟对此进行了研究。

刘俊伟等（2012）[87]从能量守恒角度出发，建立了施工全过程能量平衡方程，表明桩长径比与剪切带摩擦性状对桩身残余应力具有重要影响。

1.2.4 桩基承载力时间效应

沉桩结束后桩基承载力随时间增长的现象称为桩基承载力时效性，最初报道来源于 1933 年帕塔列耶夫对码头打入桩的研究。通过对比新近打入桩与 106 年前打入桩发现，桩基承载力后者为前者的 2.25 倍。在随后几十年中，国外众多工程技术和研究人员积累了一些宝贵数据。

1940 年，丹麦技术人员通过对冰碛软黏土地基长度 16m、直径 43cm 木桩研究发现，休止期 7d 后桩基承载力增长约 1.34 倍。

Terzaghi 和 Peck（1948）[88]在其著作《Soil Mechanics in Engineering Practice》中阐述了软黏土夹粉砂地基中桩长 26m、截面为 300mm×300mm 方桩沉桩完成 33d 后，桩侧摩阻力增长了 3.39 倍。

1951年，美国学者分别对软黏土地基中混凝土方桩及钢桩进行了试验研究，发现混凝土方桩休止300d后承载力增长约2.3倍；钢桩沉桩结束30d后，承载力增长约2.3倍。

1955年，美国工程技术人员对粉质软黏土地基直径为15cm、长度为4.5m钢桩进行了试验研究，发现休止期1个月承载力增长了约5.15倍。

1961年，苏联学者对截面35cm×35cm、长度介于9～14.5m之间钢筋混凝土方桩打入软黏土地基进行了试验研究，发现沉桩186d后，桩基承载力是沉桩初期的2倍。

1961年，日本技术研究人员在横滨地区对直径30cm、桩长6.6m钢桩打入软黏土地基2h、1d、7d、21d及28d后承载力进行了测试，发现28d时桩基承载力是成桩后2h的2.5倍。

1961年，挪威科学家对粉质软黏土中直径分别为35cm、15cm，桩长为13.1m木桩进行了长期试验研究，首次静载试验796d后进行了第二次试验，两次结果分别为8MPa和29MPa，增长了近4倍。

1982年，Bartolomcy AA、Yushkolv BS对饱和软黏土中群桩时间效应进行了研究。

1984年，Nauroy JF、Letirant在法国Quiou、Plouasne及Pisou地区同一个场地钙质砂中进行了抗拔桩时间效应研究，试验用钢管桩直径30cm、壁厚8mm、桩长23m。研究表明，Quiou和Plouasne场地，桩侧摩阻力不受休止时间影响；Pisou场地抗拔桩时间效应显著，沉桩一周后侧摩阻力增长约5倍。

Shek等（2006）[89]对打入全风化花岗岩桩长分别为56m、58mH型桩进行了时效性研究，表明全风化花岗岩地区桩侧摩阻力时效系数介于0.53～1.06之间。

我国桩基承载力时效性试验研究起步较晚，开始于20世纪50年代。1958年上海日晖港及天津塘沽钢筋混凝土方桩承载力时效性试验为我国桩基承载力时效性研究拉开了序幕。

1960～1964年，交通部第三航务局结合上海地区码头建设对黏性土地基中预制方桩及H型桩时效性进行了研究，发现桩基承载力前期增长快，后期增长慢，增长幅度达1.37～1.6倍。

李雄、刘金砺（1992）[90]借助天津大港电厂二期工程，对饱和软土中预制桩承载力时间效应进行了研究，表明单桩承载力时间效应主要表现为侧摩阻力增长。

张新奎等（2000）[91]发现，粉细砂地基中预制方桩侧摩阻力时效系数介于1.54～1.85之间，桩端阻力时效系数介于1.1～1.2之间，侧摩阻力时效性更为显著。

张明义等（2002）[92]提出利用隔时复压方法对桩基承载力时效性进行研究，并取得了一定成果。

王成平（2003）[93]对埋置于软土地基中开口PHC管桩时效性进行了研究，发现25d休止期时单桩极限承载力是沉桩结束后180d的70%。

俞峰（2004）[31]对砂性土地基中静压H型桩进行了观测，首次静载荷试验34d后进行了第二次静载荷试验发现，单位桩侧摩阻力由167kPa增长到189kPa，桩端阻力由34.2MPa增长到45.0MPa，砂性土地基中时间效应显著。

1.3 课题的提出

预制桩沉（贯）入过程中性状及承载力研究是一个传统课题。压桩开始前终压控制标准、压桩过程中桩身及桩周土性状、沉桩结束后休止期内单桩承载力变化一直是众多学者致力于研究的领域。但大部分研究基于锤击桩展开，静压桩沉桩前后性状涉及较少，这一点可以从上述研究现状看出，究其原因主要与静压桩适用范围有关。不同沉桩方式（锤击、静压）对终压控制标准、沉桩过程中桩身及桩周土体性状及沉桩结束后承载力的发展变化具有重要影响。

预制桩贯入过程中施工残余应力对桩身荷载的传递及静载荷试验过程中桩基承载力确定都具有重要影响。国内对施工残余应力研究较少，主要是基于H型桩及其他预制实体桩展开，对开口PHC管桩施工残余应力未见报道，而其施工残余应力性状与其他预制桩型具有显著差别。沉桩结束后施工残余应力时间效应对桩基承载力发展具有重要影响，有必要对其进行系统全面的研究。

近年来，静压桩应用越来越多，对其性状研究也趋于广泛与全面，但大多集中于某一方面，如挤土效应、土塞效应、承载力时效性，有些方面研究较少，如施工残余应力及其休止期内发展变化情况。但是静压桩沉桩前后所表现出的桩体性状并不是单一因素所能决定的，而是众多因素共同作用的结果。Zhang等（2009）[83]将沉桩过程中桩基所表现出的性状称为“施工效应”，但沉桩前单桩极限承载力估算、沉桩过程中桩端阻力与桩侧摩阻力分离对研究贯入过程中桩体性状具有重要影响，尤其是贯入过程中沉桩阻力的分离是研究施工效应对桩体性状影响的重要基础，现分述如下：

（1）静力触探估算单桩极限承载力。桩基设计初始阶段需要预先估算工程场区单桩极限承载力，静力触探贯入过程中探杆受力与静压桩相似，因此，利用静力触探资料估算单桩极限承载力成为一种行之有效的方法。单桩极限承载力的估算是沉桩开始前最重要的准备工作之一。

（2）沉桩过程中桩端阻力及侧摩阻力的分离。贯入过程中沉桩阻力包括桩端阻力及桩侧摩阻力。以往众多研究未将桩端阻力及桩侧摩阻力分离，概念模糊。只有将沉桩阻力沿深度分离成侧摩阻力和端阻力，才能更好地研究贯入机理及承载力。分离侧摩阻力和端阻力的测试试验成为制约桩基性状研究的瓶颈问题。

（3）土塞效应。开口PHC管桩贯入过程中土体涌入管内形成的土塞对桩端阻力发挥程度的影响效应称为土塞效应。土塞效应是静压开口PHC管桩区别于其他预制实体桩最明显的特征之一。静压开口PHC管桩沉桩过程中沉桩阻力由桩端壁阻力、土塞阻力及桩侧摩阻力组成，土塞效应的存在对三者均具有重要影响。

（4）挤土效应。静压开口PHC管桩贯入过程中桩周土体位移场及应力场发生变化，积聚的超孔隙水压力逐渐消散，其性状变化制约着休止期内桩基承载力的发展。与其他预制实体桩完全挤土性状不同，静压开口PHC管桩属于部分挤土桩，沉桩过程中桩周土位移场及应力场差别较大。

（5）残余应力。沉桩过程中因桩顶卸载而内锁于桩身的力称为施工残余应力。施工残余应力的存在对桩基承载力具有重要影响，对于单桩竖向静载荷试验，忽略残余应力将高估中性面以上桩侧摩阻力，低估中性面以下桩侧摩阻力及桩端阻力。对于单桩抗拔静载荷试验，忽略残余应力将低估中性面以上桩侧摩阻力，高估中性面以下桩侧摩阻力及桩端阻力[61~63]。开口PHC管桩施工残余应力可分为内、外壁两部分，此为与其他预制桩型显著差别之一。

（6）时间效应。沉桩结束后桩基承载力具有时效性，主要与桩周土固结、超孔隙水压力消散及土体老化有关。多数情况下，桩基承载力随休止时间逐渐增长[11,94,95]，特殊情况下，桩基承载力也存在减小的趋势[96,97]。时效性是静压桩承载力的重要性状之一，制约着沉桩结束后桩基承载力的发展。

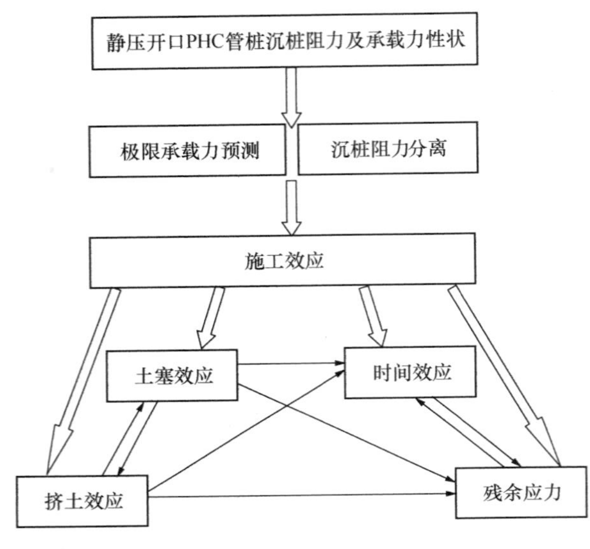

图 1.2　施工效应相互关系图

图 1.2 表示施工效应相互关系图。可见各施工效应之间相互影响，相互作用，密不可分。沉桩前单桩极限承载力的预测是终压控制标准选择的关键，而贯入过程中侧摩阻力及桩端阻力的分离则是研究施工效应对贯入过程中桩体性状影响的先决条件，也是后续研究静压桩承载力变化的基础。静压开口 PHC 管桩沉桩过程中桩端土塞的产生制约着桩周挤土量及施工残余应力分布，对后续桩基承载力变化具有重要影响；挤土效应改变了桩周土位移场及应力场，影响桩身残余应力分布，因挤土效应造成的桩周土性状变化是桩基承载力变化的重要因素；桩身残余应力对静载荷试验过程中单桩承载力的确定具有重要影响。上述因素相互影响，共同制约着沉桩性状及沉桩结束后桩基承载力的发展。

综上所述，静压开口混凝土管桩承载力性状受众多因素影响，各因素之间相互作用，相互影响，施工效应错综复杂，有必要对其进行系统全面地研究，而沉桩前单桩极限承载力的估算及贯入过程中桩侧摩阻力与桩端阻力的分离是上述研究的基础。针对上述众多问题，在国家自然科学基金青年项目“静压开口 PHC 管桩界面剪切机理试验研究”(51408439) 及中国海洋大学青年英才工程项目“围绕敞口混凝土管桩剪切机理研究”(201712014) 等课题的资助下对静压开口混凝土管桩沉桩阻力及承载力全过程变化进行试验研究。

1.4　本书研究思路及方法

静压开口预应力高强混凝土管桩承载力性状是桩一土体系相互作用结果，受桩周土体性状、土塞效应、桩身残余应力及时间效应影响较大，各方面相互影响，共同作用，制约着桩基承载力的发展，其中沉桩过程中桩端阻力及桩侧摩阻力分离是研究静压桩沉桩性状及承载力全过程变化的基础。本书拟通过现场足尺试验、原位测试手段及室内物理力学试验，采用先进的光纤光栅测试技术对贯入过程中桩侧摩阻力及桩端阻力进行分离，在此基础上对双桥静力触探估算单桩极限承载力公式修正系数进行了量化，着重研究了桩身残余应力及时间效应对静压桩承载力性状的影响，揭示了静压桩沉桩性状的机理及承载力的变化规律。本书以桩身预埋 FBG 光纤传感器的静压开口 PHC 管桩现场足尺试验为主线，围绕单桩极限承载力的预测及施工残余应力、时间效应对承载力发展的影响进行阐述，工程实践与理论分析相结合，研究思路及方法如图 1.3 所示。

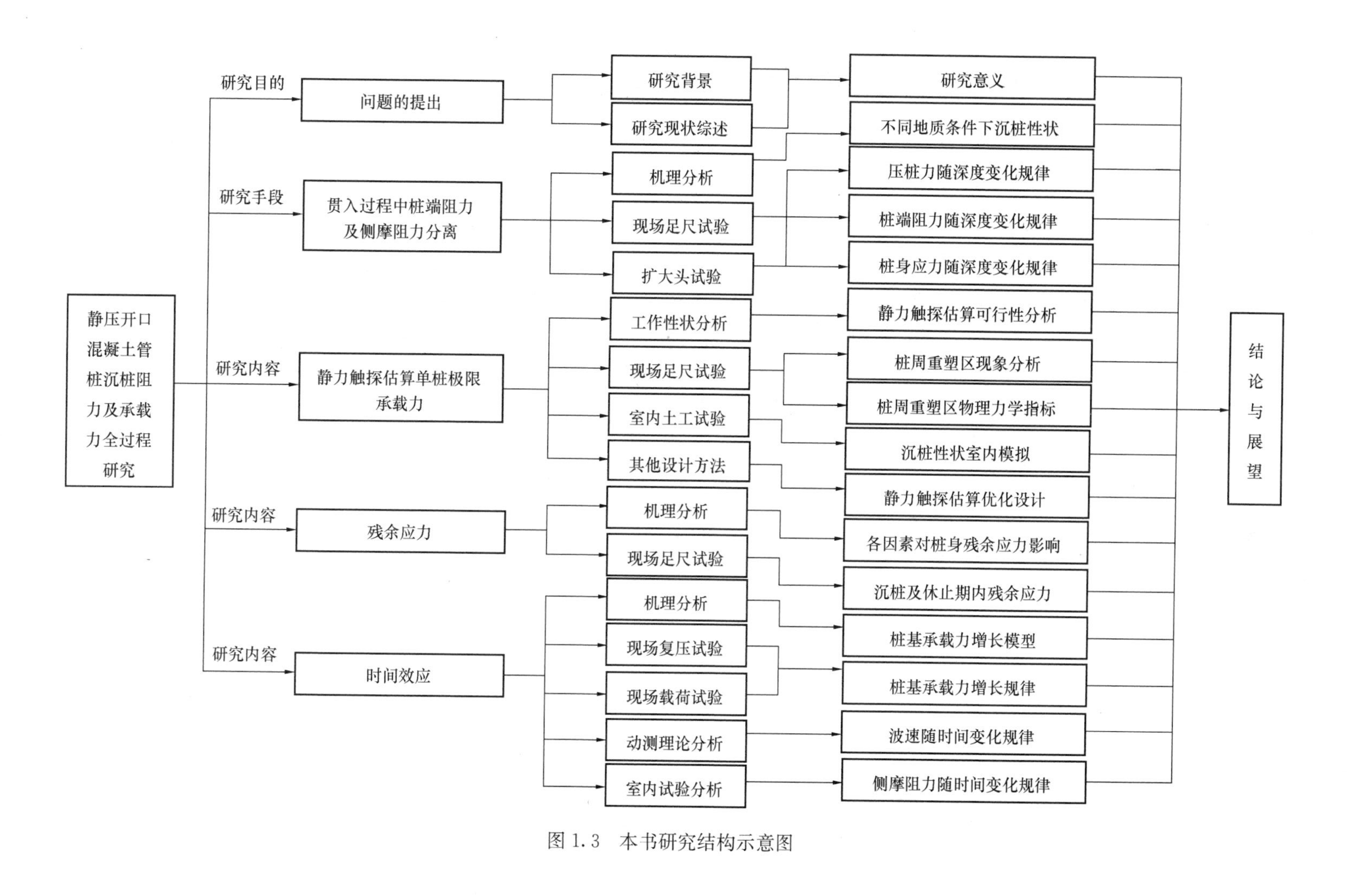

图 1.3　本书研究结构示意图

1.5 本书主要工作

本书以现场足尺试验为主线，围绕静压开口PHC管桩沉桩阻力分离及承载力变化全过程展开论述，主要在以下几个方面开展了研究工作：

（1）阐述本课题提出的研究背景，在对比分析国内外研究现状的基础上，论述了施工效应对静压开口混凝土管桩沉桩性状及承载力的影响，强调了贯入过程中桩侧摩阻力及桩端阻力分离的重要性，进一步说明了本书研究的必要性及研究思路。

（2）总结分析了不同土层地基静压桩贯入性状。通过桩身预埋准分布式FBG光纤传感器现场足尺试验，成功分离了贯入过程中桩端阻力及桩侧摩阻力，得到了两者沿深度的变化规律，为后续施工效应对桩基承载力发展影响研究奠定基础；创新性地提出了扩大头异形桩分离桩端阻力及侧摩阻力的试验方法，并进行了试验验证。

（3）静力触探与静压桩贯入机理相似，利用双桥静力触探成果估算单桩极限承载力较为合理；通过现场足尺试验及室内物理力学试验，从锥尖阻力及侧壁摩阻力两个方面揭示了静力触探估算单桩极限承载力的关键所在；通过桩身安装准分布式FBG光纤传感器的静载荷试验，并在对比国内外单桩极限承载力设计方法基础上，对规范提出的双桥静力触探估算单桩极限承载力经验公式桩端阻力修正系数及各土层桩侧摩阻力修正系数进行了量化。

（4）深入探讨桩身残余应力产生的机理及其对桩基承载力的影响，对制约桩身残余应力的因素进行了阐述；通过桩身安装传感器的现场足尺试验，揭示了开口PHC管桩桩身残余应力及平均残余负摩阻力随贯入深度的分布趋势，具体分析了桩侧残余摩阻力及桩端残余应力的影响因素，就休止期内桩身残余应力的发展趋势及其对桩基承载力的影响进行了阐述，并与H型钢桩桩身残余应力性状进行了对比。

（5）在分析桩基承载力时间效应机理基础上，给出了桩基承载力增长理想模型，并就其影响因素进行了说明；通过现场隔时复压试验揭示了不同地质条件下静压开口PHC管桩桩侧摩阻力及桩端阻力随时间变化规律；基于灰色理论对静载荷试验结果进行修正，说明未破坏桩体承载力发展规律；基于小应变动测理论揭示了休止期内预制桩波速变化与桩基承载力变化之间的关系；结合侧摩阻力时效性室内试验进一步说明了桩侧摩阻力随时间变化规律。

第 2 章　静压桩沉桩阻力机理分析及试验研究

2.1　引言

静压桩是通过专用压桩机械将静压力作用于桩顶或桩身，当施加给桩的静压力与桩的贯入阻力达到动态平衡时，桩便缓慢地被压入到地基中，静压桩贯入过程属于稳态贯入[23]。贯入过程中，静压桩与桩周土体间出现相对剪切位移，由于土体抗剪强度和桩土之间粘着力作用，土体对桩周表面产生摩阻力；桩端处因土体刺入造成原状土初始应力状态破坏，桩端土体压缩变形是桩端阻力形成的一个重要原因。静压桩贯入过程中，沉桩阻力主要包括桩侧摩阻力及端阻力，两者相互影响、相互制约，共同组成了静压桩的贯入阻力。

桩基应用过程中，为了更好地了解基桩工作性状，人们对基桩工作状态及受力性能开始进行研究，包括在不同土层中桩侧摩阻力及桩端阻力大小、休止期内桩侧摩阻力及桩端阻力的提高比例、单桩极限承载力等。单桩承载力由桩侧摩阻力和桩端阻力组成，一般认为在休止期内端阻力和侧摩阻力变化并不相同，所以沉桩阶段如何准确分离侧摩阻力及端阻力成为制约研究桩基承载力的瓶颈，也是研究静压桩贯入机理及承载力的基础。

2.2　静压桩沉桩阻力机理分析

静压桩沉桩时，桩底端首先刺入土体造成土体初始应力状态破坏，引起桩端土体压缩变形及桩侧土体剪切变形，此时桩端土体抗剪强度大于其受荷程度。随着压桩力的进一步施加，桩端土受力及变形范围逐渐增大直至破坏，这种破坏模式随着桩体贯入沿桩身向下传递。贯入过程中桩端土性状使桩周土体受到扰动和破坏形成一定范围塑性区，桩身得以连续贯入。静压桩稳态贯入是一个不断克服桩端阻力及侧摩阻力的过程。一般而言，桩端阻力随贯入土层不同变化较大，地质情况复杂时土层产生较大桩端阻力，其性状与静力触探探头阻力颇为相似。桩端贯入同一土层到达某一深度后，桩端阻力不随深度变化无限增大，而是趋于一稳定值，称之为临界深度现象，此现象同样存在于桩侧摩阻力变化中。研究表明，桩周某一固定深度处沉桩引起的动摩阻力随桩身贯入有一定幅度降低，Vesic (1977)[60]将其描述为侧阻退化现象，也有学者将其定义为“摩擦疲劳”[98]。另一方面，由桩端位于强持力层引起的侧摩阻力“强化效应”在贯入过程中较为显著。不同土层分布情况的单层土地基及成层土地基中静压桩贯入机理不甚相同，下面分别对其加以阐述。

2.2.1　黏性土中沉桩机理

静压桩贯入黏性土地基时，桩端较软土体受到强烈挤压迅速到达极限破坏而产生塑性变形。随着桩体进一步贯入，桩周一定范围内土体完全扰动破坏，土体强度较低，因此贯入初期压桩阻力主要来源于刺入土体产生的桩端阻力，侧摩阻力所占比例较小，分布形式也较为复杂。贯入初期表层土体在桩端径向扩张作用下向上隆起，桩侧地表以下土体因竖向压缩及侧向挤压土体结构完全破坏并产生超孔隙水压力，超孔隙水压力对桩侧润滑作用也是侧摩阻力较小的原因之一。超孔隙水压力消散引起的固结作用、黏性土触变性以及沉桩结束后产生的紧邻桩体的土壳是其区别于砂性土地基沉桩的本质特征，也是后期承载力增长的主要影响因素。桩体贯入不同黏性土层时，沉桩阻力因土层不同而发生突变，当桩体在同一土层连续贯入时，沉桩阻力变化较小。

2.2.2 砂土中沉桩机理

砂性土地基沉桩不同于黏性土，沉桩产生的孔隙水压力不高，且消散较快，沉桩影响主要表现为挤密效应、蠕变效应及松弛效应。

（1）挤密效应

砂性土沉桩过程中，桩周土受到扰动并挤压，产生较高超孔隙水压力。超孔隙水压力的产生使有效应力降低，从而减小了沉桩阻力。同时，砂性土地基中超孔隙水压力的消散速度快又使得有效应力增大，桩周土体强度得以提高。另一方面，挤密作用也使砂性土强度得到提高。

（2）蠕变效应

蠕变效应是砂土地基中静压桩承载力提高的重要影响因素。当桩贯入砂土中时，桩周土体产生较大剪应力并产生剪缩现象。待沉桩结束后剪应力因挤密效应被限制释放，随着土体的蠕变，剪应力释放呈剪胀趋势，产生较大的水平有效应力，但桩体的存在限制了应力的继续发展从而使桩基承载力提高；同时，蠕变效应也使得砂土拱效应减弱，水平应力提高。

（3）松弛效应

松弛效应主要表现在群桩施工且桩间距非常小的情况下，其为承载力随时间降低的主要原因之一。群桩施工时，前期贯入桩体使土体相对密实度较高，并积累了较高水平有效应力。随后压入桩体使砂土颗粒出现剪胀现象，并产生负孔隙水压力，后期负孔隙水压力消散使有效应力降低，产生松弛效应。

与黏性土地基沉桩性状不同，砂性土地基沉桩阻力不仅随土层变化而变化，即使在同一砂土层其沉桩阻力也表现为增大的趋势，沉桩阻力主要由桩端阻力及桩侧摩阻力组成。桩体贯入松砂地基时，桩端砂土因挤压趋于密实，沉桩阻力随深度线性增长；当贯入密度较大的中密～密实砂层时，贯入深度的微小变化就会引起沉桩阻力急剧增大及贯入速率下降，此时若桩端土层能提供足够反力则压桩结束，否则桩体继续下沉。

当桩端到达持力层后，桩端土层颗粒之间相互咬合挤密产生摩擦作用，此时若压桩结束，土层因松弛效应使得颗粒重新排列，桩端阻力略为降低。这种现象在施工中则表现为沉桩结束后每进行一次复压，桩总会有一定量微小沉降。施工中通常采用满载多次复压的终压控制标准以消除因砂层松弛效应而带来的负面影响，直至沉降稳定。

2.2.3 成层土地基中沉桩机理

成层土地基中沉桩时，桩端阻力不仅与贯入深度有关，还将受到土层分界的影响。桩端贯入软土层时如同在黏性土地基中贯入，桩端阻力较小，桩侧摩阻力是沉桩阻力主要组成部分。当桩端进入硬质土层后，桩端阻力急剧增大，成为压桩阻力的主要组成部分。张明义（2004）[99]结合前期研究结果，总结分析了软硬交互的双层或三层地基中沉桩性状：

（1）桩尖位于硬质土层中时，桩尖一定范围内软土层的存在会显著降低桩尖阻力。当软土层位于桩尖以上 2.5d（d 为桩径）时，沉桩阻力主要取决于桩尖以上 2.5d 范围内土层强度平均值，如图 2.1（a）所示。

（2）当软土层存在于桩尖以下 2.5d 范围内时，压桩阻力主要依靠桩尖以下 2.5d 范围内土层强度的平均值，如图 2.1（b）所示。

（3）对于中间为硬土层且厚度小于 3.5d，两端为软土层的三层地基，桩尖位于硬土层时软土层的存在同样会降低桩尖阻力。当软土层存在于桩尖以上 2.5d 及桩尖以下 2.5d 范围内时，贯入阻力取决于两者土层强度平均值较小者，如图 2.1（c）所示。

（4）对于中间为软土层，两端为硬土层的三层地基，若桩尖长度大于软土层厚度且位于软土层中，贯入阻力同样取决于桩尖以上 2.5d 范围和桩尖以下 2.5d 范围内土层强度平均值中的较小者，如图 2.1（d）所示。

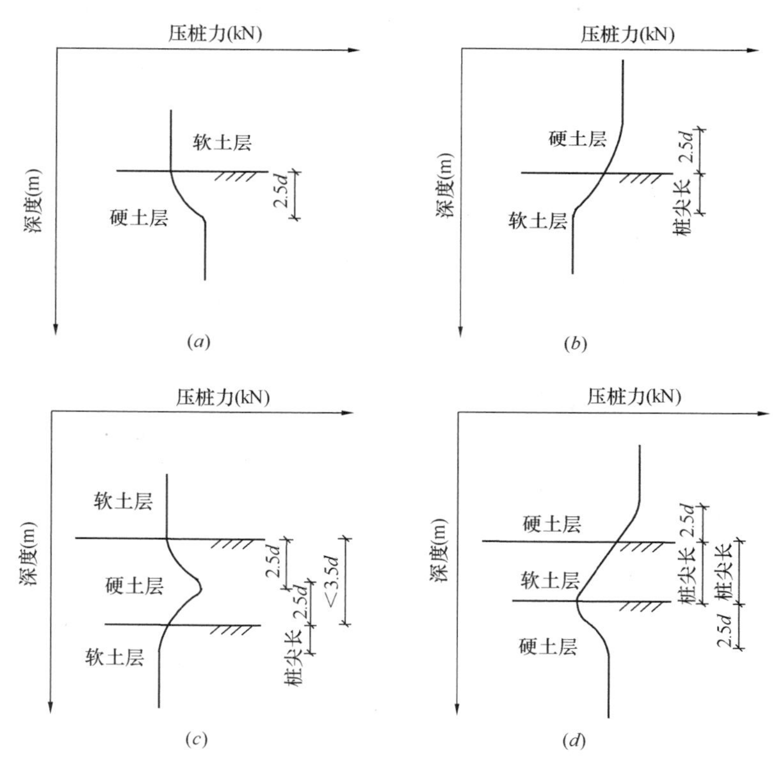

图 2.1　层状土地基中沉桩阻力变化情况

（a）上软下硬地基；（b）上硬下软地基；
（c）中间硬土层两端软土层；（d）中间软土层两端硬土层

2.3　分离沉桩阻力足尺试验研究

静压桩沉桩阻力的分离多数是通过测力元件获得桩端阻力和桩侧摩阻力，测力元件易受测试环境的影响，所以提高测力元件成活率是现场足尺试验成败的关键。对于 PHC 管桩而言，在桩身外侧贴电阻式应变片容易被桩周土摩擦力损坏，如果在桩身内部贴应变片，由于管桩内径小，不易操作，而且管腔容易进水，受环境因素影响大，精度下降，可靠性及成活率都不高。应变式钢筋应力计及振弦式钢筋应力计较应变片稳定，但管桩的生产过程温度高，要用高温应变计，成本高且存活率低。高强预应力混凝土管桩不同于方桩、钢管桩等桩型，自身生产工艺及特点客观上造成了测试试验的困难。生产过程中钢筋张拉、预浇混凝土、高速离心旋转以及高温养护等工艺对桩身预埋测力元件造成很大的不便，生产工艺如图 2.2 所示。

图 2.2 高强预应力混凝土管桩生产工艺
(*a*) 钢筋张拉；(*b*) 钢筋笼内预浇混凝土；
(*c*) 高速离心成型；(*d*) 高温高压蒸汽养护

2.3.1 光纤传感技术的发展及应用

光纤传感技术是伴随着光导纤维和光纤通信技术发展而另辟新径的一种崭新传感技术。光纤传感具有抗电磁干扰、灵敏度高、安全可靠、耐腐蚀、可进行分布式测量、便于组网等诸多优点，是近年来国际上发展最快的高科技应用技术。光纤传感技术的应用已经逐步从军事领域发展到了电力、石油、石化、交通和建筑等各个工业领域，在公共安全、国防、工农业安全生产、环保等重大安全监测领域有着重要应用。

Hill 等[100] 1978 年制造了迄今为止最早的一根光纤布拉格光栅，标志着光纤光栅传感技术的诞生。Meltz 等（1989）[101]提出将光纤光栅传感器应用于混凝土结构监测中，开辟了光纤光栅结构物健康监测的里程碑。Idriss（2001）[102]将光纤传感技术应用于工程实际，成功对美国新墨西哥州 RioPuerco 桥的预应力损失进行了监测。后来 Udd.E 等（2001）[103]，Inaudi（2001）[104]，Kronenberg 等（1997）[105]分别对桥梁、隧道、大坝进行了监测。国内对光纤传感技术研究应用起步较晚，2004年欧进萍等[106]采用光纤光栅传感技术对呼兰河大桥进行了阶段性运营监测，取得了较好的效果。

随着科学技术的发展，光纤技术作为传感技术新阶段，满足了测量的高精度、远距离和长期性要求，为解决土木工程领域众多关键问题提供了良好的技术手段，越来越多地受到各国学者及工程技术人员的青睐，如 Hisham Mohamad 等（2007）[107]，Hong Cheng-yu 等（2010）[108]，Zhu Hong-hu 等（2010）[109]，朱鸿鹄等（2010）[110]，裴华富等（2010）[111]，殷建华等（2010）[112]。亦有许多学者将其应用到桩基工程中，如余小奎（2006）[35]，A. Klar 等（2006）[36]，宋建学等（2007）[37]，魏广庆等（2008）[38]，邢皓枫等（2009）[39]。

相比传统测试元件及方法，光纤传感技术具有如下优点：

（1）光纤传感技术属于光学测试范畴，受测试环境影响较小，抗电磁干扰能力强，尤其适用于长距离信号的监测与传输；

（2）由于测试系统以光纤作为信号传输载体，传感器可以根据实际情况定制（甚至可以用裸光纤），体积小，质量轻，能够尽可能地减少对结构物原有体系的破坏，并且能够满足被测构件对狭小空间的安装需求；

（3）测试过程中，信号的输入及输出仅需要一根细小的光纤（平均直径为0.25mm），并且可以连续地串联十几甚至几十个传感器，极大简化测试系统结构的同时，也便于构成分布式传感系统。

2.3.2 光纤布拉格光栅（FBG）传感原理

在众多光纤传感技术中，FBG（Fiber Bragg Gating，光纤 Bragg 光栅）传感技术以其灵敏度高、测量精度高、能够进行实时监测等优点广泛应用于工程技术领域。其最初由 Rutge 大学的 Prohaska 等人将其应用到混凝土结构构件的测量中[113]，后来陆续有许多学者对其进行了研究与应用，如 Morey（1995）[114]，Nellen 等（1999）[115]。Chan 等[116]也于2006年布设40个 FBG 光纤传感器对香港青马大桥进行了监测。

光纤布拉格光栅（FBG）传感器基本原理是：布拉格光栅能够反射特定波长的光，反射光中心波长与入射光波长符合下列关系式[117]：

$$\lambda_B = 2n_{eff}\Lambda \tag{2.1}$$

式中 λ_B——反射光中心波长，其为与传感器应变及温度变化有关的物理量，当温度升高或光栅承受拉应力时，λ_B增大，当温度降低或光栅承受压应力时，其值降低；

n_{eff}——光纤的有效折射率；

Λ——光纤光栅的栅距。

当 FBG 传感器受到拉力或者压力作用时，传感器伸长或压缩使光纤光栅周期发生变化，进而改变 FBG 传感器的有效折射率，传感器中心波长与应变符合下列关系式：

$$\Delta\lambda_B/\lambda_{B0} = K_\varepsilon \Delta\varepsilon_x \tag{2.2}$$

式中 $\Delta\lambda_B$——中心波长变化量；

λ_{B0}——不受外力、温度为 0 时该光栅初始波长；

K_ε——传感器应变灵敏系数；

$\Delta\varepsilon_x$——轴向应变改变量。

当温度发生变化时，热膨胀或收缩效应使 FBG 光栅传感器周期发生变化，进而改变其有效折射率，传感器中心波长与温度变化满足如下关系：

$$\Delta\lambda_B/\lambda_{B0} = K_t \Delta t \tag{2.3}$$

式中 K_t——传感器温度敏感系数；

Δt——温度变化量。

结合公式（2.2）及公式（2.3）可以得出应变和温度共同作用时 FBG 传感器中心波长变化量：

$$\Delta\lambda_B = \Delta\lambda_B^\varepsilon + \Delta\lambda_B^t = \lambda_B(K_\varepsilon \Delta\varepsilon_x + K_t \Delta t) \tag{2.4}$$

Kallik 等（1999）[118]给出了普通石英光纤光栅的 K_ε 和 K_t 值，其分别为 $K_\varepsilon = 0.78 \times 10^{-6} \mu\varepsilon^{-1}$，$K_t = 6.67 \times 10^{-6}℃^{-1}$。

由公式（2.4）可以看出温度变化对光栅波长影响较大，因此光纤光栅传感器使用一般需要进行多光栅温度补偿，常规做法是将 FBG 温度传感器埋置于 FBG 应变传感器附近，并假定两者位于同一温度场，但不受应变变化的影响，利用测得的 Bragg 波长变化消除温度影响，实现温度补偿[119]。

FBG 光纤传感器具有测量精度高、抗电磁场干扰能力强、成活率高等优点，与传统测力元件相比易于实现准分布式和自动化监测。在实际应用中，常利用波分复用技术将十几个中心波长不同的 FBG 传感器串联于一根直径非常小的光纤中，构成准分布式应变、温度传感网络，本书试验中采用的即为 FBG 光纤传感器的准分布式布设。FBG 光纤传感器经过一定措施封装及接头处特殊保护，还可以用于岩土及水利工程等结构体监测，鉴于上述优点，FBG 光纤传感技术在土木工程领域得以广泛应用。由于光纤纤细和软弱，对传感器和传输光纤必须进行细致保护，光纤传感原位监测成败的关键即在于如何在现场粗放作业施工环境中实现传感器的埋设定位，并保证其存活率。

2.3.3 试验概况

试验地点位于杭州富阳，具体位置如图 2.3 所示。本次试验依托富阳市某经济适用住房工程，试验场区位于建设用地建筑红线北侧约 3m 处。根据建设用地详细勘察报告，场地属富春江冲海积平原地貌，地形总体平坦，局部稍有起伏，地下水位埋深为 0.2～1.5m，主要为由海相～冲积相和海陆过渡沉积物构成的第四纪覆盖层，基岩埋藏较深，约在 22.3～26.8m 以下。地层结构主要由砂性土、黏性土及砾石层组成，场地稳定性和适宜性较好，具体土质分布情况如表 2.1 所示。各层土性状描述如下：

杂填土：灰黄色、杂色，松散～稍密，含大量碎块石夹黏性土，硬杂质超过 30%～40%，含大量有机质和植物根茎。

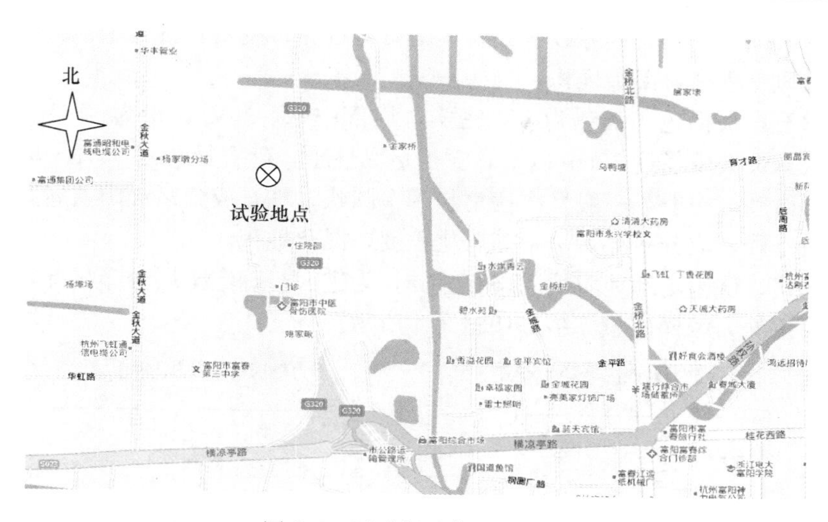

图 2.3　试验场地位置示意图

试验场地工程地质概况　　**表 2.1**

土层	土层厚度 (m)	天然含水量 w(%)	天然重度 (kN/m³)	孔隙比 e	塑性指数 I_p	液性指数 I_L	黏聚力 c(kPa)	内摩擦角 φ(°)	压缩模量 E_s(MPa)
素填土	0～3.3	—	—	—	—	—	—	—	—
淤填土	0.3～5.8	—	—	—	—	—	—	—	—
粉质黏土	0.3～5.8	25.70	19.36	0.73	12.60	0.64	14.1	21.50	4.50
砂质粉土	3.5～12.0	31.20	18.52	0.87	6.90	—	7.10	29.40	5.50
淤泥质黏土	8.9～13.5	44.80	17.07	1.28	17.20	1.46	15.8	8.00	2.00
粉质黏土	12.8～15.7	23.40	19.77	0.67	12.80	0.58	28.5	22.80	7.50
圆砾	14.5～17.0	—	—	—	—	—	—	—	—
圆砾夹卵石	15.6～25.4	—	—	—	—	—	—	—	—

素填土：灰褐色、灰黄色，松软，主要为耕填土，含大量有机质和植物根茎。

淤填土：灰褐色、灰黑色，松软，主要分布在现状池塘及场地南侧，具腥臭味，含大量有机质和植物根茎。

粉质黏土：褐灰色、灰黄色，软塑为主，含有铁锰质及少量植物根茎，具摇振反应，稍有光泽反应，干强度低～中等，韧性低～中等，部分为黏质粉土。

砂质粉土：褐灰色、灰色，稍密为主，局部中密，摇振反应迅速，有光泽反应，干强度低，韧性低，部分为黏质粉土，偶夹淤泥质粉质黏土，总体较薄，仅在北侧靠东部分较厚，层顶高程为 3.04～5.69m，层厚 0.4～7.6m。

淤泥质黏土：灰色、深灰色，流塑，微层理，层间夹粉土层，含植物碎屑、有机质和贝壳碎屑，具光泽反应，无摇振反应，干强度中等～高，韧性中等～高，局部为淤泥。

粉质黏土：青灰色，可塑，微层理，具光泽反应，无摇振反应，干强度中等，韧性中等，富含有机质和植物碎屑，局部夹有粉砂。

圆砾：灰褐色、灰黄色、灰色，饱和，中密为主，部分密实，上部一般有 20～50cm 的粉细砂，砾石含量为 45%～65%，混中砂和卵石，偶夹有漂石，揭露最大砾径达 10cm 以上，含少量黏性土，砂含量约占 25%～35%，以中细砂为主；砾石磨圆度一般，一般呈次棱角状～次圆状，砾石成分以霏细岩火山质岩石和石英质岩石为主，石质坚硬，成分多样，呈中等风化程度，混杂堆积。

圆砾夹卵石：灰褐色、灰色为主，密实，局部中密，卵石含量为35%～60%，局部混杂漂石，揭露最大砾径达10cm以上，含少量黏性土，砂含量约占15%～30%，以中细砂为主；卵石磨圆度一般，一般呈次棱角状～次圆状，砾石成分以火山质岩石和石英质岩石为主，石质坚硬，成分多样，呈中等风化程度，混杂堆积。

因地形起伏，试验场地地质情况略有差异，为进一步确定土层分布情况，在试验场区特别进行了双桥静力触探试验，结果如图2.4所示。

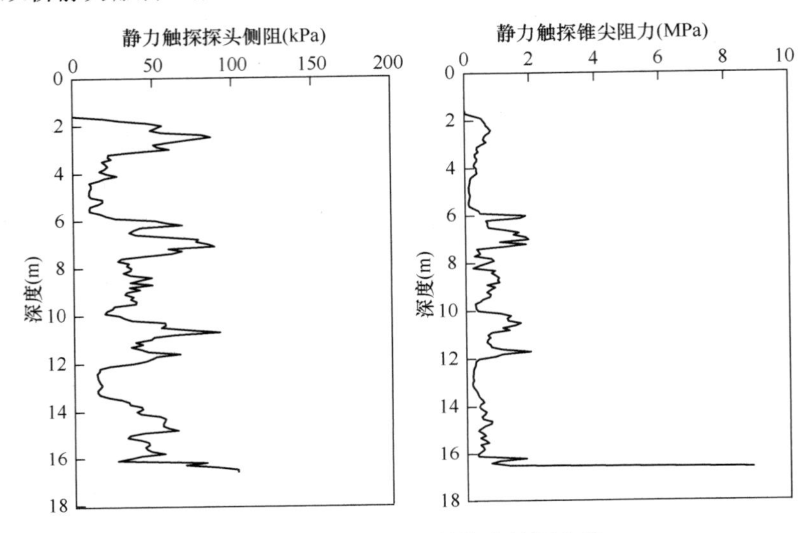

图2.4　试验场地双桥静力触探曲线

2.3.4　试验过程

本次试验共设置6根足尺开口PHC管桩，编号依次为PJ1～PJ6，试验桩情况详见表2.2。PJ1、PJ2分别由两节13m、5m的桩焊接而成，PJ3、PJ4、PJ5、PJ6均为13m的单节桩。试验过程中为了避免挤土效应对试验结果的影响，桩间距设为4m，大于4*D*（*D*为桩径），图2.5为桩位布置示意图。

试验桩情况一览表　　**表2.2**

桩号	桩型	桩长（m）	桩体埋置深度（m）	布设传感器情况
PJ1	PHC-A400（75），开口	13+5	18	13m7个，5m2个
PJ2	PHC-A400（75），开口	13+5	18	13m7个，5m2个
PJ3	PHC-A400（75），开口	13	13	6个
PJ4	PHC-A400（75），开口	13	13	6个
PJ5	PHC-A400（75），开口	13	13	6个
PJ6	PHC-A400（75），扩大头	13	13	2个

试验开始前沿桩侧布设准分布式FBG光纤传感器，用来监测沉桩过程及沉桩结束后桩身应力变化及荷载传递情况。PJ1、PJ2桩身设置9个量测断面，PJ3、PJ4、PJ5设置6个量测断面，断面间距按2.5m设定，但基于开槽等原因实际距离略有偏差，量测断面基

本位于土层分界面处。PJ6 设置 1 个量测断面，两传感器对称布置。桩端处传感器距离管桩端部均留出约 25cm 距离，以此避开金属端头板，如图 2.6 所示。图 2.7 为传感器安装原理图。传感器安装时，首先在管桩外壁画线定位，切浅槽植入准分布式 FBG 光纤传感器，而后用环氧树脂混合物封装保护，具体流程如图

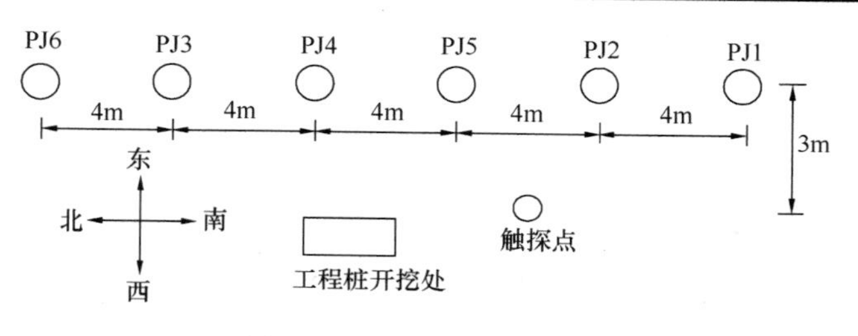

图 2.5　试验桩桩位布置图

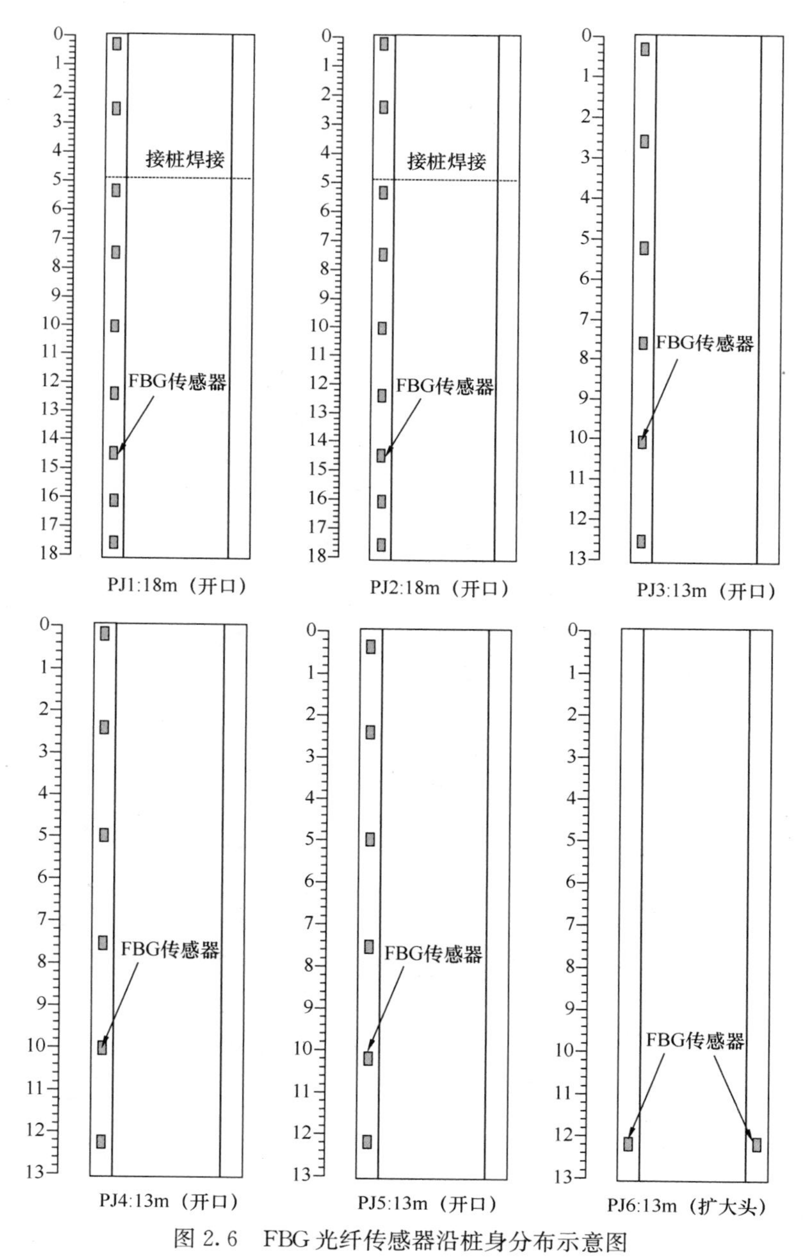

图 2.6　FBG 光纤传感器沿桩身分布示意图

2.8 所示。试验所用 FBG 光纤传感器标距 80mm，最大测试范围 3000 微应变，能够满足试验需求。

试验桩压入采用山河系列液压静力压桩机 ZYJ680A，其主要由回转专用吊车及桩机主体两部分组成，如图 2.9 所示。试验开始时，回转吊车将试验桩起吊使其落入夹桩机孔中，进入工作位置，随后桩箍将试验桩夹紧，依靠压桩油缸活塞实现试验桩贯入，待一个压桩行程完成后，桩箍松开试验桩，油缸活塞恢复到原来位置，进入下一个循环的准备阶段。桩机行走结构主要由四个支腿油缸、两个横移油缸、两个纵移油缸组成，在工地上能够实现纵移、横移和转弯等动作。ZYJ680A 型静力压桩机最大可提供 680t 压桩力，试验过程中主压缸单独工作，压桩速度介于 1.8～5.0m/min，单次压桩行程为 1.8m，以施工桩长

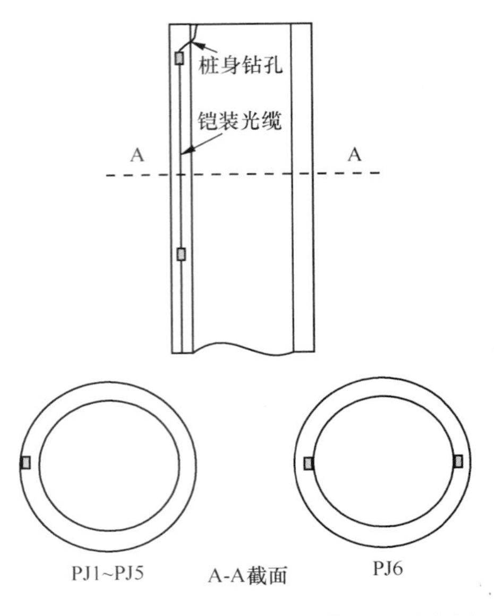

图 2.7　FBG 光纤传感器安装原理示意图

(a)　(b)　(c)　(d)　(e)　(f)

图 2.8　FBG 光纤传感器安装流程图

(a) 画线定位；(b) 桩身切浅槽；(c) 布设传感器；(d) 传感器封装；(e) 试验桩封装完毕；(f) 标记贯入深度

图 2.9　静力压桩机及试验桩的贯入

作为终压标准控制条件。

试验数据采集系统如图 2.10 所示。主机采用美国 MOI 公司开发的高速光纤光栅传感分析仪 SI425，可以实现 4 通道 250Hz 同步动态测试。试验过程中记录 FBG 传感器波长变化，利用公式（2.4）即可反算试验过程中桩身应力变化，进而可得桩身轴力。

图 2.10　试验数据采集系统

2.3.5　试验结果与分析

图 2.11 为试验桩贯入过程中压桩力随深度变化曲线。本节未讨论 PJ6 贯入过程中性状变化，在 2.4 节作重点介绍。贯入过程中压桩速率呈动态变化，难以将其控制为一固定值。一般而言，沉桩初期贯入阻力较小，沉桩速率约为 1～2m/min，后期随着贯入深度增加，沉桩阻力明显增大，至沉桩结

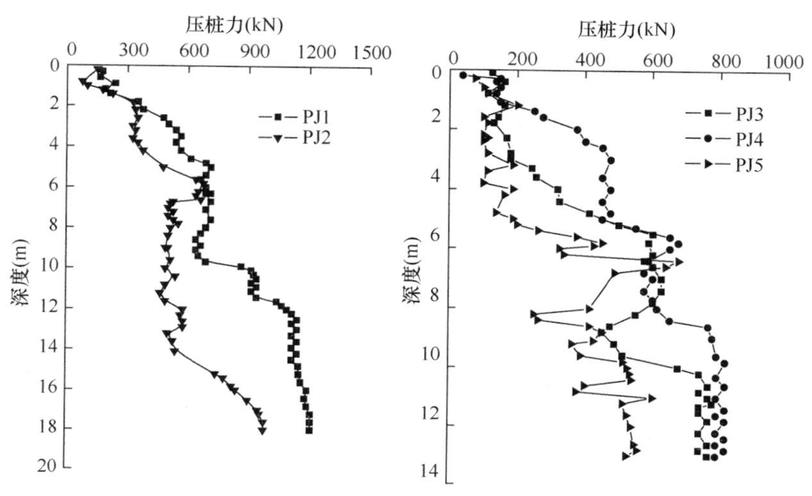

图 2.11　压桩力随深度变化曲线

束前 1～2m 时减少至每分钟贯入十几厘米，甚至更少。Bond 和 Jardine（1995）[120]将贯入速率大于 0.4～0.6m/min 定义为快速贯入，贯入速率为 0.05～0.1m/min 视为慢速贯入，按照上述分类方法，本次试验均属于快速贯入。图 2.11 显示随着贯入深度增加压桩力逐渐增大，压桩力曲线一定程度上反映了土层地质变化情况，PJ1、PJ2 分别在 13m、15m 深度处到达圆砾层，贯入阻力明显增大，未到达硬质土层的 PJ3、PJ4、PJ5 变化趋势基本一致。

贯入过程中桩身应力可由 FBG 光纤传感器测得，分布曲线如图 2.12 所示。试验过程中同样对 PJ1、PJ2 第二节桩进行了监测。由图 2.12（*a*）可以看出，贯入过程中 PJ1 桩身上部及下部桩侧摩阻力发挥力学机理不同。贯入初期由于桩身晃动及填土层影响，桩身上部几米范围内与周围土体接触不密实，导致贯入过程中桩身上部侧摩阻力较小。当 PJ1 继续贯入至粉质黏土层时，桩侧摩阻力分担比例增大。上述现象的产生是基于现场实际操作及填土层影响，当贯入过程中桩身晃动很小，填土层较薄时，例如室内模型试验，桩侧摩阻力在较小深度处发挥显著。PJ2、PJ3、PJ4、PJ5 贯入过程中桩身应力分布呈现与 PJ1 相同趋势，由于土层差异桩侧摩阻力显著发挥深度略有不同，试验中 FBG 光纤传感技术可以较好地分离贯入过程中桩端阻力及桩侧摩阻力。传感器安装过程中为了避开桩端金属端头，底端传感器距离桩端约 25cm，如图 2.6 所示，因此贯入过程中实际桩端阻力与桩端传感器实测值略有差异。图 2.12 表明贯入过程中桩身应力衰减在桩端近似呈线性分布，因此贯入过程中实际桩端阻力可由桩身应力分布曲线外推获得。

图 2.13、图 2.14 分别表示贯入过程中桩端阻力及桩侧摩阻力随深度变化曲线。桩端阻力变化曲线与静力触探（CPT）锥尖阻力变化曲线相近，两者一定程度上均反映了土层地质变化情况。结合图 2.4，当 PJ1、PJ2 分别贯入 13m、15m 进入圆砾层时，桩端阻力发生突变。贯入过程中桩侧摩阻力增长显著，试验桩不同桩侧摩阻力增长幅度体现了桩侧土性的不同。

上述结果表明，贯入过程中沉桩阻力（桩端阻力、桩侧摩阻力）没有出现明显的临界深度现象。砂土地基中临界深度现象确实存在，其反映了贯入深度突变影响的界限。Bolton 等（1999）[121]在砂土地基中借助静力触探离心机试验观察到了端阻力临界深度现象。周健等（2009）[25]在室内模型试验基础上，利用 PFC2D 颗粒流软件对密实砂中静压桩沉桩过程进行了模拟，并建议密实砂土地基中临界深度取值为 7.5 倍桩径。静压桩沉桩属于稳态贯入过程，类似于快速载荷试验。贯入过程中桩侧摩阻力不同于静载荷试验过程中桩侧极限摩阻力，但与其密切相关。贯入过程中桩侧摩阻力变化同样受临界深度的影响。Zeitlen 和 Paikowsky（1982）[122]将桩侧摩阻力临界深度归因于桩土摩擦角的降低。Kraft 等（1991）[71]同样认为桩侧摩阻力临界深度主要取决于桩土摩擦角的降低。桩体贯入过程中桩土间摩擦角随竖向有效应力增加而减小，桩土摩擦角的减小同样会导致桩侧有效应力增加，这种耦合作用导致单位桩侧摩阻力在临界深度处保持一恒定值。

估算单位极限侧摩阻力 $f_{\max}$ 比较常用的方法为 Burland 1973 年提出的 β 法，后来 Meyerhof（1976）[123]对其进行了修正，表达式为：

$$f_{\max}=\beta\sigma'_{v}=K_{c}\tan\varphi'\sigma'_{v}=(1-\sin\varphi')\tan\varphi'\sigma'_{v} \tag{2.5}$$

式中 K_c——桩侧土压力系数；

φ'——桩土间摩擦角；

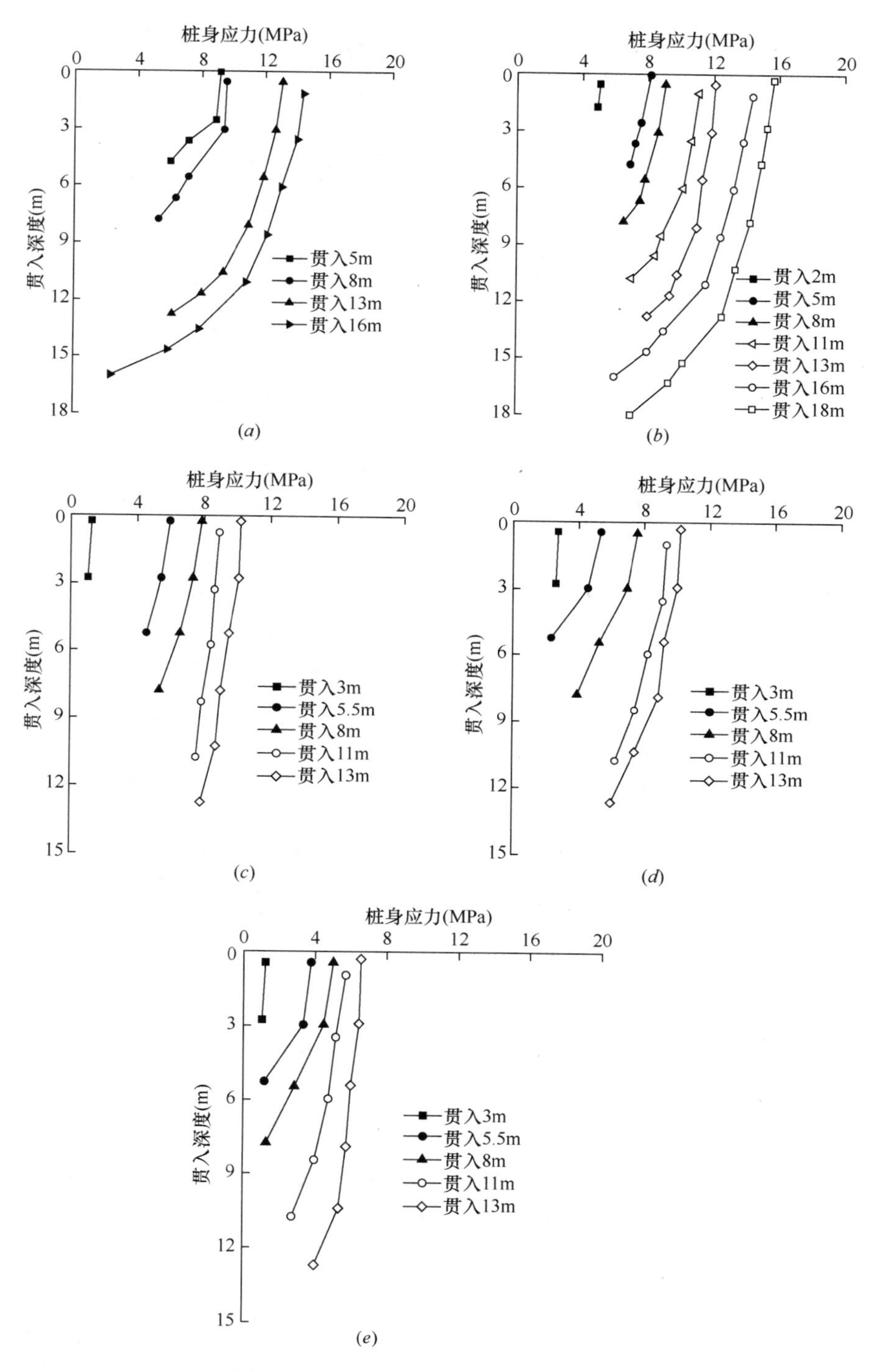

图 2.12　贯入过程中桩身应力分布曲线

(a) PJ1 桩身应力分布曲线；(b) PJ2 桩身应力分布曲线；
(c) PJ3 桩身应力分布曲线；(d) PJ4 桩身应力分布曲线；(e) PJ5 桩身应力分布曲线

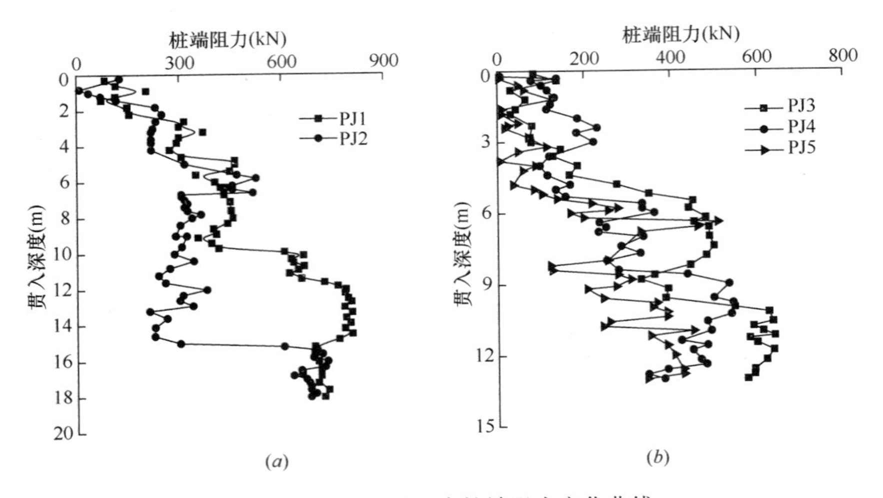

图 2.13　贯入过程中桩端阻力变化曲线

(a) PJ1、PJ2 桩端阻力变化曲线；(b) PJ3、PJ4、PJ5 桩端阻力变化曲线

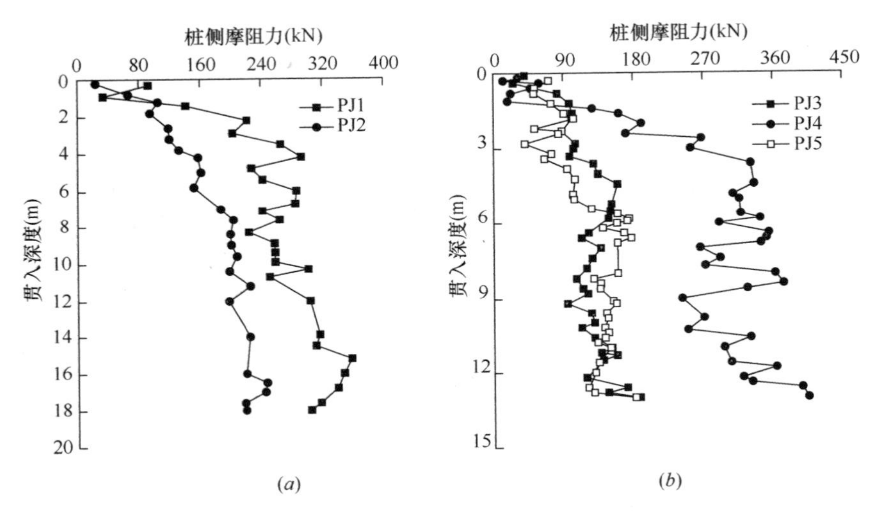

图 2.14　贯入过程中桩侧摩阻力变化曲线

(a) PJ1、PJ2 桩侧摩阻力变化曲线；(b) PJ3、PJ4、PJ5 桩侧摩阻力变化曲线

σ'_v——初始有效竖向应力。虽然表达式形式简单，但对土压力系数 K_c 及桩土摩擦角 φ' 的取值较为保守。利用公式（2.5）计算 f_{max} 时，允许用桩周土体内摩擦角 φ 代替桩土间摩擦角 φ'，静止土压力系数 K_0 代替桩侧土压力系数 K_c。桩土间摩擦角 φ' 随深度变化如下式所示：

$$\tan\varphi' = 1.04(p'/100)^{-0.08} \tag{2.6}$$

公式（2.6）最先由 Yasufuku 和 Hyde（1995）[124]针对密实低压缩性风化花岗岩土体（例如 Masado 砂）提出。式中平均有效竖向应力 p'（kPa）可由公式（2.7）推得：

$$p' = (1+2K_0)\sigma'_v/3 = (3-2\sin\varphi')\sigma'_v/3 \tag{2.7}$$

俞峰（2004）[31]以 Masado 砂为例，对完全埋置桩的极限侧摩阻力进行了阐述。对于给定的埋置深度，p' 初始值假定为最初值，则此刻 φ' 可由公式（2.6）推得。由公式

(2.7) 及此刻 φ' 可求得 p' 更新值。重复上述计算，直至更新后 p' 与先前值足够接近为止。

表 2.3 给出了依据上述方法计算的结果。表中显示摩擦角计算值相比中砂偏大，这种结果较为合理。公式 (2.7) 的提出主要是针对密实低压缩性花岗岩土体，其同样适用于桩体贯入引起桩周土强烈挤压的情况。桩体贯入 Masado 砂层时，f_{max} 和 β 值增长显著。因桩土间摩擦角随着贯入深度的降低，β 值增长幅度不大。因此，由于竖向有效应力的增加，f_{max} 随深度呈线性增长的趋势。

桩体贯入 Masado 砂层极限侧摩阻力变化（俞峰，2004）　　**表 2.3**

深度(m)	σ'_v(kPa)	K_0K_c	φ'(°)	β	f_{max}(kPa)
5	50.95	0.242	49.3	0.281	14.32
10	101.90	0.261	47.6	0.286	29.14
15	152.85	0.273	46.7	0.290	44.33
20	203.80	0.281	46.0	0.291	59.30
25	254.75	0.287	45.5	0.292	74.39
30	305.70	0.293	45.0	0.293	89.57
35	356.65	0.297	44.7	0.294	104.86

上述实例表明，桩土间摩擦角的降低不一定会导致临界侧摩阻力的出现，当然也不能够说明贯入过程中临界深度的存在。Coyle 和 Castello (1982)[125] 认为桩体贯入至假定临界深度后，单位侧摩阻力继续增大，增长速率有所减小。虽然试验室中对触探贯入的模拟存在贯入阻力的临界深度，模型桩试验也有学者观察到临界深度现象[126]，但对于贯入成层土地基桩体而言，由于桩体尺寸及沿深度方向土层的变化，临界深度不容易观察到[127]。

2.4　开口混凝土管桩分离沉桩阻力的扩大头试验方法

上述试验结果表明准分布式 FBG 光纤传感技术可以较为准确地分离贯入过程中端阻力及侧摩阻力，但 FBG 传感器造价高，不能将其推广至工程应用。如前所述，众多学者借助于测力元件成功对贯入过程中的端阻力及侧摩阻力进行了分离，但将其应用至工程实际均具有一定局限性。为了不借助于测试元件方便实际工程快速实现端阻力及侧摩阻力的分离，进行了桩头粗、桩身细的管桩贯入试验，称为“扩大头异形桩”试验，测得沉桩时的端阻力，与同等条件下管桩比较后求得侧摩阻力。

静压桩贯入过程中，桩底端土体首先受到挤压扰动，桩体在已经扰动了的土体中作大位移运动，桩与土体发生滑动摩擦，单位滑动摩阻力 $f=\sigma\tan\varphi'+c$，其中 c 为桩周土体黏聚力；φ' 为桩土摩擦角；σ 为贯入过程中垂直于桩周的法向应力，贯入过程中土体扰动 c 忽略不计。扩大头异形桩试验正是基于上述原理将 σ、φ' 减小以达到消除贯入过程中的侧摩阻力的目的。

2.4.1 黏性土地区试验研究

2.4.1.1 试验概述

试验地点位于杭州富阳，场地以黏性土为主，土层物理力学参数如表 2.1 所示。试验采用 PHC-A400（75）型开口混凝土管桩，编号为 PJ6，桩底端对称布设两个 FBG 光纤传感器，如图 2.6 所示。采用外径为 500mm，内径为 400mm 的特质圆环钢板与试验桩焊接在一起形成“扩大头异形开口桩”以消除沉桩过程中的侧摩阻力，从而测出压桩过程中端阻力分布情况，如图 2.15 所示。并与相同地质条件下直径为 400mm 的开口管桩（PJ3）进行比较，进而得出桩侧总摩阻力的变化情况。

图 2.15 扩大头钢板安装示意图

（a）量取圆环钢板外扩尺寸；（b）圆环钢板就位；
（c）圆环钢板点焊；（d）圆环钢板焊接

2.4.1.2 试验结果

贯入过程中记录 PJ6 压桩力及桩端阻力变化，如图 2.16 所示。由图可以看出贯入初期扩大头将桩周土向两侧挤开，桩体与周围土体没有摩擦，σ、φ'值很小，侧摩阻力几乎为零。贯入 1m 深度后预先挤开土体在自重作用下向桩身靠拢，桩侧摩阻力开始发挥作用，但所占比例较小，约为 10%左右，因此试验中将扩大头异形桩压桩力视为桩端阻力在工程允许范围之内是可行的。

图 2.17 为根据 PJ6 折减后 PJ3 沉桩阻力计算值与实测值对比示意图。PJ3 沉桩阻力折减是根据扩大头异形桩（PJ6）扩大头面积，将压桩力折减为实测值的 0.64 倍。在扩大头异形桩（PJ6）与普通桩（PJ3）地质条件相近的情况下，上述折减原则计算结果与实测结果吻合较好，计算误差约为 18.4%，满足工程实际使用要求。

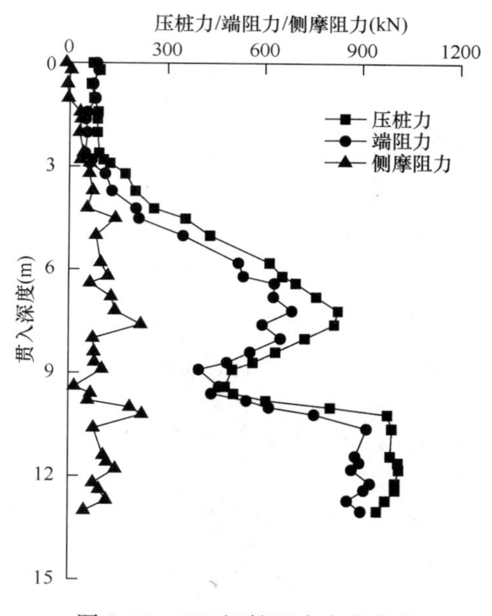

图 2.16　PJ6 沉桩阻力变化曲线

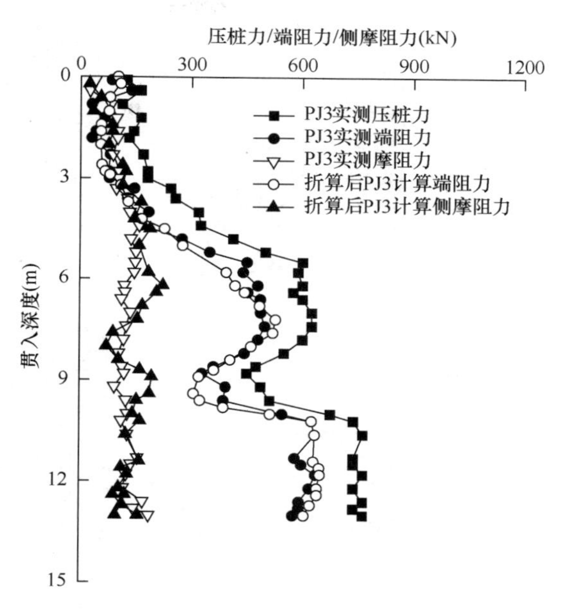

图 2.17　PJ3 沉桩阻力计算值与实测值对比

2.4.2　粉土地区试验研究

2.4.2.1　试验概述

试验地点位于山西省太原市，场地所处地貌单元系太原盆地汾河东岸Ⅰ级阶地后缘，基本平坦，稳定性较好，主要由粉土、粉质黏土及砂土组成，场地土类型为中软土，建筑场地类别为Ⅲ类。地下水位常年位于地表下 1.3m，具体地质情况如表 2.4 所示。

试验场地地质情况　　**表 2.4**

土层	厚度(m)	地基承载力特征值 f_{ak}(kPa)	桩侧阻力极限值 q_{si}(kPa)	桩侧阻修正系数 ζ_{si}	桩端阻力极限值 q_{pi}(kPa)	桩端阻修正系数 ζ_{pi}
粉质黏土	10.56	100	36	1.0	—	—
粉土	4.25	120	44	1.0	—	—
粉质黏土	6.55	145	50	1.0	1400	1.25
粉土、中细砂	5.89	160	58	1.0	2300	1.20

2.4.2.2　试验过程及结果

试验桩为 PHC-AB400 型预应力开口混凝土管桩，壁厚 95mm，桩长 23m。沉桩前将外径 460mm、内径 210mm 的特制圆环钢板与试桩焊接在一起形成“扩大头异形开口桩”以消除沉桩过程中的侧摩阻力，从而测出压桩过程中端阻力分布情况，如图 2.18 所示。与相同地质条件下直径为 400mm 的开口工程桩压桩力进行比较，进而得出桩侧总摩阻力的变化情况。根据扩大头异形桩的桩尖面积，将压桩力折减为实测值的 0.76 倍，从而得到 400mm 管桩实际状态下的端阻力。

贯入过程中桩周土体变化性状与杭州富阳扩大头异形桩试验相近。扩大头作用下桩周土向两侧挤开并处于松散状态，桩周土与桩身间隙达 5cm 左右，大于扩大头外扩尺寸

图 2.18　扩大头钢板安装示意图

(*a*) 圆环钢板对中；(*b*) 圆环钢板就位；

(*c*) 圆环钢板焊接；(*d*) 量取圆环钢板外扩尺寸

(3cm)，如图 2.19 所示。扩大头使作用于桩身的法向应力 σ 及桩土摩擦角 φ' 大为降低，

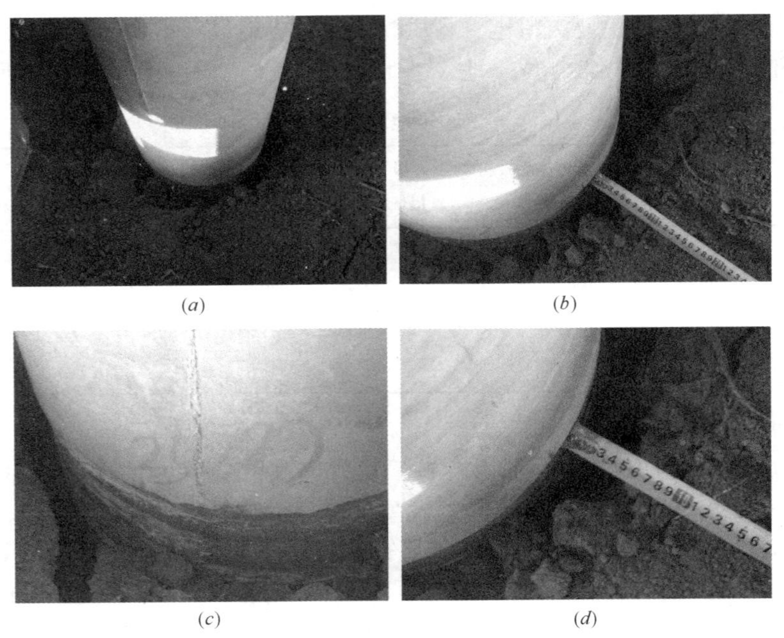

图 2.19　贯入过程中桩身与桩周土体裂隙示意图

(*a*) 桩体贯入 0.5m；(*b*) 贯入 13m 裂隙宽度；

(*c*) 桩体贯入 18m；(*d*) 贯入 18m 裂隙宽度

减小了贯入过程中侧摩阻力。图 2.20 为扩大头异形桩试验结果，其中端阻力为扩大头异形桩压桩力折减后数值，沉桩阻力分别为 18 号、27 号工程桩（与试验桩相距约 6.8m 和 7.5m）的实测数值，桩侧总摩阻力为前两者的差值。试验结果表明粉土地区采用扩大头异形桩分离桩端阻力及桩侧摩阻力效果较好。

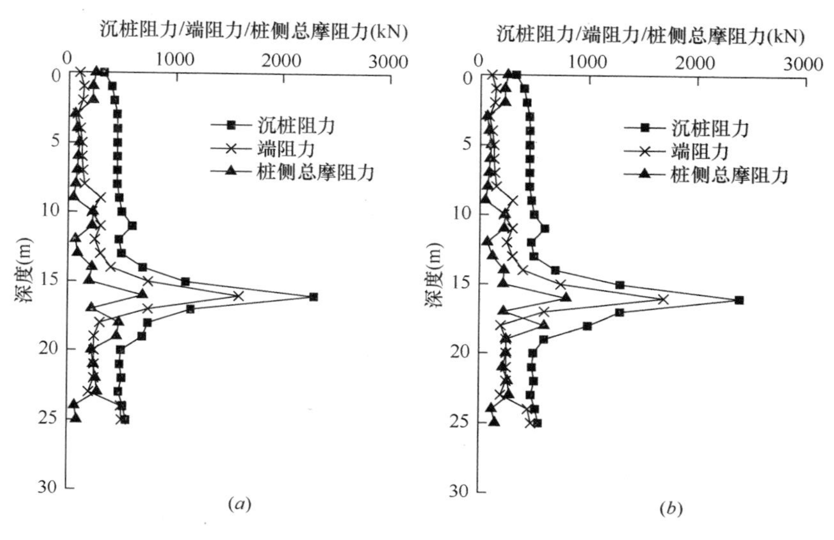

图 2.20　扩大头异形桩试验结果

(a) 与 18 号工程桩对比结果；(b) 与 27 号工程桩对比结果

黏性土地区及粉土地区扩大头试验表明，扩大头异形桩用于分离桩侧摩阻力与桩端阻力具有一定可行性，试验结果虽具有一定误差，但一定程度上能满足工程实际需要，与传统安装测试元件方法相比，经济性更强。扩大头异形桩的使用受众多因素影响，如桩长、工程地质条件等，满足特定条件后效果更为明显，但限于试验条件未进行继续研究。扩大头外扩尺寸对分离效果的影响也是笔者下一步研究的重点。另外非开口桩的扩大头试验比开口桩效果好，因扩大头可能也改变了开口桩的土塞性状。

2.5　基于能量法的沉桩阻力分析

2.5.1　沉桩过程中能量平衡

预应力混凝土管桩沉桩阻力主要包括桩侧摩阻力及桩端阻力两个方面。桩顶荷载作用下，桩体向下贯入，因而在支撑它的地基土中产生连续分布的反力，桩体对桩周地基土所做的功为 W。桩侧阻力方面，桩侧土抵抗桩体向下位移在桩土界面产生的能量 W_1 与桩体对桩侧土体做功是等量的。桩端阻力方面，桩顶荷载通过桩身和桩侧土传递到桩端土的力对地基土做功等同于桩端土抵抗桩体位移在桩端产生的能量 W_2。忽略桩体自重影响，则贯入过程中能量平衡方程如下：

$$W = W_1 + W_2 \tag{2.8}$$

2.5.2 贯入过程中能量方程

贯入过程中影响桩侧摩阻力发挥的因素主要有桩周土性质、桩径、桩长、桩端土性质、桩土界面性质、加荷速率、桩顶荷载水平等。张忠苗（2007）[128]建议桩侧摩阻力计算采用如下公式计算：

$$Q_{su} = \pi D \sum \tau(z) \tag{2.9}$$

式中 D——桩径；

$\tau(z)$——桩土界面荷载传递函数，常有曲线型传递函数、对折线型传递函数等，如图 2.21 所示。不同的桩土界面荷载传递函数反映土体加工硬化、加工软化和弹塑性变化情况。

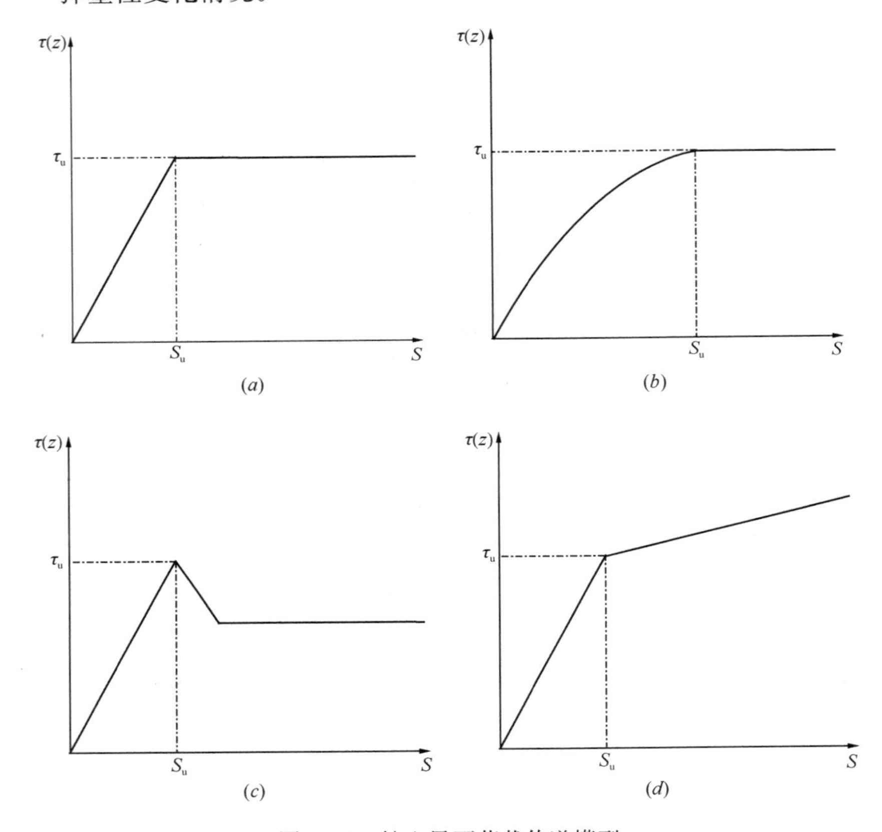

图 2.21 桩土界面荷载传递模型

（a）理想线弹塑性传递函数；（b）双曲线型传递函数；

（c）桩侧土软化三折线传递函数；（d）桩端土硬化传递函数模型

桩体贯入过程中假定桩土界面荷载传递特征符合理想弹塑性曲线，如图 2.21（a）所示，即桩侧摩阻力及桩端阻力达到极限值后，在桩体贯入过程中保持恒定值不变。图 2.22 表示桩体贯入过程坐标系，其中坐标原点 O 取在沿桩轴线的地面点处，x 轴、y 轴分别为桩轴线及与其垂直方向，并以竖直向下和水平向右为坐标轴正方向，不考虑贯入过程中桩身挠曲影响。

假定桩体贯入位移 $\mathrm{d}x$，则桩侧土抵抗桩体位移对桩土界面做功为 $\pi D\tau(x)\mathrm{d}x$，沿桩身进行积分可得贯入过程中桩侧土体对桩体做功：

$$W_1=\int_0^L \pi D\tau(x)\mathrm{d}x=\int_0^L f_1(x)\mathrm{d}x \tag{2.10}$$

桩端土体抵抗桩体贯入位移 $\mathrm{d}x$ 产生能量为 $\pi(D^2/4)q(u)\mathrm{d}x$，沿桩体贯入深度积分可得贯入过程中桩端阻力做功：

$$W_2=\int_0^L \pi\frac{D^2}{4}q(u)\mathrm{d}x=\int_0^L f_2(x)\mathrm{d}x \tag{2.11}$$

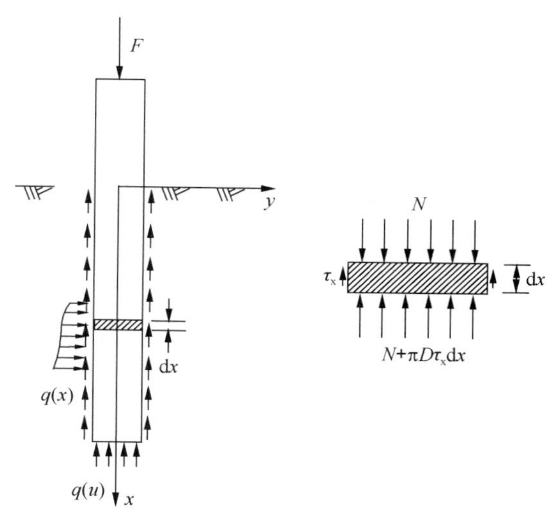

图 2.22　桩入土部分坐标和力的正方向

对于完全埋置桩有：

$$W=W_1+W_2=\int_0^{L_p} f_1(x)\mathrm{d}x+\int_0^{L_p} f_2(x)\mathrm{d}x=\int_0^{L_p} F(x)\mathrm{d}x \tag{2.12}$$

式中　$F(x)$、$f_1(x)$、$f_2(x)$——贯入过程中压桩力、桩侧摩阻力及桩端阻力以贯入深度为自变量的函数；

L_p——桩体埋置深度。

2.5.3　沉桩阻力分离的能量法验证

贯入过程中影响桩侧摩阻力及端阻力发挥的因素众多，造成某固定深度处单位侧摩阻力 $\tau(x)$ 及桩端单位面积应力 $q(u)$ 不易获取。通过桩端安装测试元件或扩大头异形桩可获得桩侧摩阻力及桩端阻力随贯入深度的变化曲线，实质为以贯入深度为自变量的函数，通过公式（2.12）对沉桩阻力分离效果进行验证。表 2.5 表示试桩 PJ1、PJ2、PJ3、PJ4、PJ5 实测摩阻力与桩端阻力沿贯入深度积分结果。为便于比较，同样给出了实测压桩力的积分结果，可见准分布式 FBG 光纤传感技术分离沉桩阻力效果较好。

试桩沉桩阻力沿贯入深度积分结果　　**表 2.5**

桩号	埋深 L_p（m）	$\int_0^{L_p} f_1(x)\mathrm{d}x$	$\int_0^{L_p} f_2(x)\mathrm{d}x$	$\int_0^{L_p} f(x)\mathrm{d}x$	$\int_0^{L_p} F(x)\mathrm{d}x$	$\int_0^{L_p} f(x)\mathrm{d}x\Big/\int_0^{L_p} F(x)\mathrm{d}x$
PJ1	18	4717.78	9119.70	13837.48	14337.70	0.965
PJ2	18	3225.24	6105.58	9330.82	9526.91	0.979
PJ3	13	1562.71	4575.80	6138.51	6128.80	1.001
PJ4	13	3515.21	3819.10	7334.31	7425.84	0.988
PJ5	13	1539.11	2693.27	4232.38	4239.26	0.998

注：$f_1(x)$、$f_2(x)$ 分别为贯入过程中桩侧摩阻力、桩端阻力随深度变化函数，$\int_0^{L_p} f(x)\mathrm{d}x=\int_0^{L_p} f_1(x)\mathrm{d}x+\int_0^{L_p} f_2(x)\mathrm{d}x$，$F(x)$ 为贯入过程中实际压桩力随深度变化函数。

2.6 本章小结

本章在总结分析静压桩沉桩机理的基础上，采用准分布式光纤传感技术对开口预应力混凝土管桩贯入成层土地基沉桩阻力进行了分离，并进行了扩大头异形桩试验，试验成果总结如下：

(1)静压桩沉桩阻力因地层软硬程度不同变化显著。黏性土地基沉桩阻力源于超孔隙水压力的产生、土体触变性及土壳效应。静压桩贯入砂土地基时，沉桩性状则与沉桩挤密效应、后期的蠕变效应及松弛效应密切相关。成层土地基贯入阻力主要取决于桩尖上、下截面软土层强度的平均值。

(2)利用准分布式 FBG 光纤传感技术对静压开口混凝土管桩贯入成层土地基沉桩阻力进行分离，效果较好。分析表明，试桩端阻力的变化基本反映土层地质的不同。试验过程中未观察到明显的侧阻退化及临界深度现象，说明成层土地基中侧阻退化及临界深度现象因深度方向土层变化表现不明显，其主要存在于砂土地基及室内模型试验。

(3)提出了扩大头异形桩分离沉桩阻力的试验方法，并进行了试验验证。结果表明黏性土地基中扩大头桩侧摩阻力所占比例约为 10%，分离效果较好。按照桩端面积进行折减后计算值与实测值吻合较好，误差约为 18.4%，能够满足工程实际需要。粉土地区扩大头试验结果与黏性土地区基本一致。扩大头分离沉桩阻力效果好坏与施工桩长、桩周土层地质情况、扩大头外扩尺寸等因素密切相关，其使用具有一定局限性。

第3章 静力触探估算单桩极限承载力试验研究

3.1 引言

工程实际中，许多情况下需要根据场区地质情况预先确定单桩极限承载力。《建筑桩基技术规范》JGJ 94—2008及各地方性规范明确规定，单桩竖向静载荷试验确定极限承载力为最准确可靠的方法，但静载荷试验费时费力，成本高，初勘阶段实施起来困难较大。近些年来，静力触探技术发展迅速，双桥探头正逐步代替单桥探头越来越多地应用于工程实际。探讨如何利用双桥静力触探资料预先估算单桩极限承载力成为亟需解决的一个问题。

3.2 静力触探与静压桩贯入性状分析

静力触探试验（CPT）借助于外界设备将静力作用于探杆，使探头按一定速度压入地基，以获得原状土非扰动状态下物理力学参数。按照探头种类，静力触探可分为单桥静力触探、双桥静力触探及孔压静力触探三种，其测试原理基本一致，均采用内置于探头的测试元件记录贯入过程中探头受力情况。有所区别的是，单桥静力触探只能得到一个参数，即比贯入阻力 P_s；双桥静力触探可获得锥尖阻力 q_c及侧壁摩阻力 f_s两个测试参数，还可外推获得摩阻比 F_R（$F_R=f_s/q_c\times100\%$）；孔压静力触探（SCPTU）在双桥静力触探基础上还可以测出探头位置处孔隙水压力变化。本章主要研究利用双桥静力触探试验成果估算单桩极限承载力。双桥静力触探能够测得贯入过程中的锥尖阻力及侧壁摩阻力，类似于静压桩贯入过程中的端阻及侧阻，两者机理相近，因此可以将静探试验看做模型桩来估算单桩极限承载力，关键在于找出两者内在关系。

双桥静力触探获得的锥尖阻力 q_c并不是地基土物理力学性能的直接体现，仅表示土层相对软硬程度。侧壁摩阻力 f_s是原状土经锥尖挤压或剪切之后，扰动土与套筒之间摩阻力的直接反应。利用双桥静力触探资料估算单桩极限承载力时，侧摩阻力估算精度取决于地基土不同地层初始相对软硬程度及扰动后土体强度恢复程度，桩端阻力估算必须考虑桩体尺寸效应、桩入土深度等因素影响，具有一定区域性。

3.2.1 静压桩重塑区现场试验研究

静压桩贯入黏性土地基过程中，桩周土体在径向挤压及竖向剪切作用下严重扰动，土体结构遭到破坏，孔隙水压力急剧上升。桩体在已经扰动了的土体中稳态贯入，此时侧摩阻力较低，形成明显的重塑区。沉桩结束后，随着桩周土体强度恢复及超孔隙水压力消散，桩周土体有效应力增加，使得土体强度得以提高，有时会超过土体原始强度。

Komurka 等（2003）[129]认为重塑区形成与桩体开口状态无关，只与地基土初始应力状态有关。Yang（1970）[130]研究表明，贯入黏性土地基时桩周大约 0.25D（D 为桩径）范围内土体完全重塑，1.5D 范围内土体性状受扰动影响。Karlsrud 和 Haugen（1985）[131]发现，贯入过程中桩身与重塑区接触面水平有效应力几乎为零。待沉桩结束土体固结完成后，水平有效应力与竖向有效应力比值约为 1.2，重塑区内含水量较原状土降低 13%[132]。重塑区内土体性状对休止期内桩身性状及静力触探估算单桩极限承载力有重要影响。

3.2.1.1　现象观察

工程桩沉桩结束后 16d 对桩周重塑区进行开挖观察。工程桩开挖位置与静力触探试验点位置分布如图 2.5 所示。工程桩场地工程地质概况如表 2.1 所示。静力触探试验在挖除表层杂填土后进行，曲线如图 2.4 所示。工程桩为 PHC-A400（75）开口预应力混凝土管桩，埋置深度均为 13m。沉桩结束后 16d 桩体开挖情况如图 3.1 所示，(*a*) 表示工程桩开挖全景图，(*b*) 为重塑区观察桩体。

(*a*)

(*b*)

图 3.1　工程桩开挖情况

(*a*) 工程桩开挖全景图；(*b*) 重塑区观察桩体

重塑区形成是孔隙水压力消散、桩周土体固结等因素共同作用的结果，形成时间长短与桩体类型、桩周土体渗透性等因素有关。在上述因素确定的情况下，重塑区性状也会随时间变化略有不同。本次试验观察到的桩周重塑区现象是基于特定桩型（PHC-A400（75）），特定时间（沉桩结束后 16d），沿桩身土层分布变化情况如图 3.2 所示，(*a*)、(*b*)、(*c*)、(*d*) 分别表示桩周粉质黏土层、砂质粉土层、淤泥质黏土层及粉质黏土层重塑区变化情况。需要说明的是图 3.1、图 3.2 所示桩周重塑区均为相机拍摄，未做任何人为处理。

3.2.1.2　结果分析与讨论

如图 3.2 所示，桩周各土层重塑区现象显著。桩体周围形成明显不同的三个区域：重塑区、过渡区及非扰动区。重塑区与桩身紧贴，土体结构完全破坏；非扰动区远离桩体，土体性状保持原状；过渡区位置与土体性状介于重塑区与非扰动区之间，与 White 和 Bolton（2002）[133]建议划分区域一致。同一土层重塑区相比过渡区及非扰动区颜色更为明

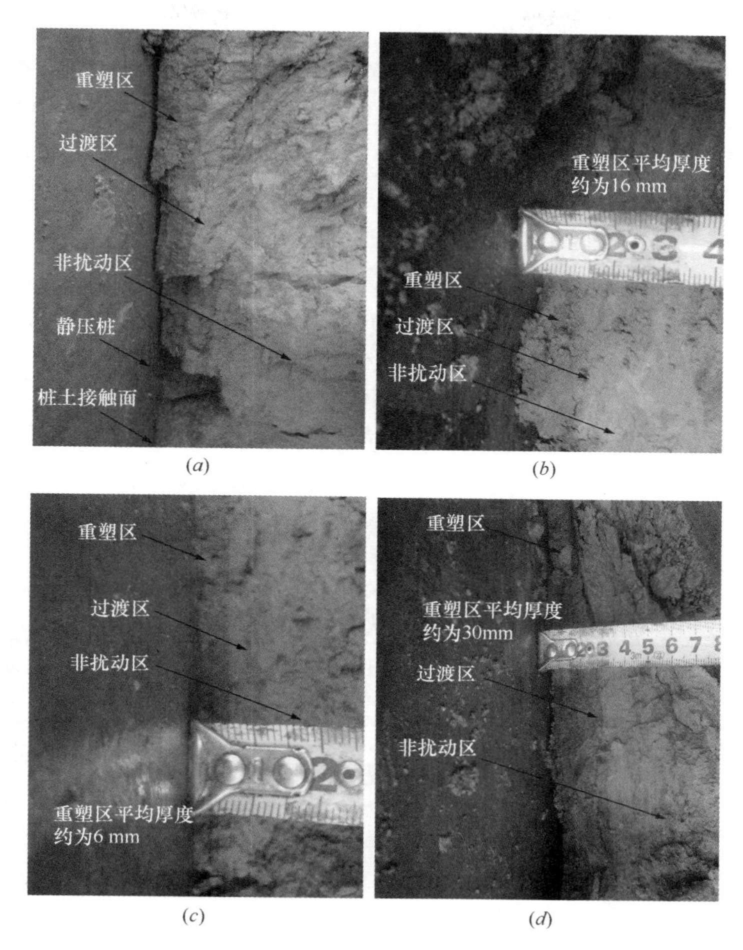

(*a*)　(*b*)　(*c*)　(*d*)

图 3.2　不同土层桩周重塑区性状

(*a*) 粉质黏土层；(*b*) 砂质粉土层；(*c*) 淤泥质黏土层；(*d*) 粉质黏土层

显。以砂质粉土层为例（图 3.2*b*），重塑区颜色呈明显深褐色，过渡区颜色较浅，非扰动区颜色与原状土没有差异，主要是由于贯入过程中孔隙水压力积累消散所致。由图 3.2（*a*）可以看出，同一土层重塑区厚度并非一定值，沿桩身自上而下依次减小，同样现象也存在于其他土层重塑区。Soderberg（1961）[132]研究表明，贯入过程中桩周土体产生的孔隙水压力不随深度变化而变化，在同一土层内为一定值。1 倍桩径（1*D*）范围内，沉桩引起的孔隙水压力要大于上覆土层引起的附加应力[134,135]，因此同一土层重塑区厚度变化可归因于上覆土层压力所致。上覆土层越厚，其附加土压力越大，重塑区厚度越小。某点处超孔隙水压力消散与其距桩侧表面距离的平方成反比[134]，这可以解释重塑区与过渡区性状不同的现象。Komurka 等（2003）[129]将沉桩结束后孔隙水压力消散划分为两个阶段：孔隙水压力随时间非线性增长的阶段（阶段 1）及孔隙水压力随时间线性增长的阶段（阶段 2），上述原理同样可以解释重塑区现象。重塑区形成于阶段 1，过渡区形成于阶段 2，两者没有明显界限，形成过程相互影响。

位于不同土层重塑区性状差异主要体现在厚度方面。图 3.2 表明，粉质黏土层重塑区厚度最大，约为30mm；砂质粉土层厚度次之，约为16mm；淤泥质黏土层厚度最小，为6mm。重塑区形成与孔隙水压力消散密切相关，对于特定桩型，桩周土类型、埋深、渗透性、灵敏性等因素都对重塑区性状有一定影响。为进一步确定桩周重塑区性状影响因素，分别选取现场原状土不同土层的4组试样进行室内物理力学指标测定，取样位置如图3.5土样1～4所示，表3.1表示与重塑区厚度有关的土体物理力学指标。可以看出，10～13m处粉质黏土层重塑区平均厚度最大，约为22mm，其天然含水量、孔隙比、液限值分别为23.4%、0.67、28.6，为各类土中最小值。淤泥质黏土重塑区厚度最小，约为6mm，其天然含水量、孔隙比、液限值分别为44.8%、1.28、37.0，为各类土中最大值。天然含水量、孔隙比、液限等参数一定程度上均能反映土体渗透性大小。天然含水量越小，孔隙比越小，则土体渗透速率越好，重塑区厚度越大，与土层天然含水量及孔隙比呈反比例关系。Yang（1970）[130]引入重塑区厚度与桩外径比值λ来描述桩周重塑区性状。λ值越大表明重塑区越容易形成，λ值越小表明重塑区不易形成。表3.1给出了工程桩的λ值，最大值为0.05，远小于Yang（1970）[130]观测到的值0.55，这种不同主要来源于桩型及桩周土性状的差异。

与重塑区厚度有关的土体物理力学参数 **表3.1**

土层	深度（m）	天然含水量 w（%）	孔隙比 e	液限 W_L	δ_{max}（mm）	δ_{min}（mm）	δ_{ave}（mm）	λ
粉质黏土	2.0～5.0	25.7	0.73	30.1	30	10	20	0.05
砂质粉土	5.0～7.5	31.2	0.87	33.3	15	15	15	0.038
淤泥质黏土	7.5～10.0	44.8	1.28	37.0	6	6	6	0.015
粉质黏土	10.0～13.0	23.4	0.67	28.6	28	16	22	0.055

注：δ为重塑区厚度；λ为重塑区厚度δ与桩外径D比值。

贯入或静载过程中重塑区变化如图3.3所示。静载过程中原状土法向刚度为径向应力

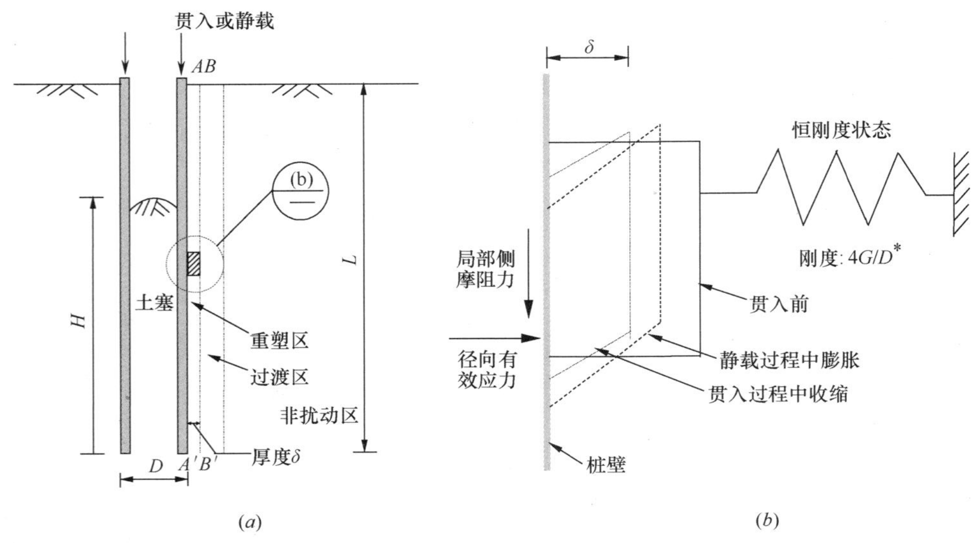

图3.3 贯入或静载过程中重塑区性状

（a）桩周重塑区示意图；（b）桩周重塑区变化

变化与径向位移变化的比值。Fakharian 和 Evgin（1997）[136]建议采用恒法向刚度（Constant Normal Stiffness，CNS）来模拟原状土应力状态。沉桩过程中，桩侧土受到强烈挤压，挤密的重塑区在后续静载荷试验及正常工作状态下膨胀扩大，致使径向有效应力增加。恒法向刚度及循环荷载作用下，残余剪切位移积累将导致径向有效应力的降低，重塑区厚度也会受此影响。DeJong 等（2003）[137]研究表明，残余剪切位移积累致使砂性土地基中重塑区厚度出现 3.5～5.5mm 的增加。休止期内由于土体固结形成的附着于桩身表面的硬壳与桩身表面粘结紧密，其强度恢复甚至超过原来土体强度。复压或复打时硬壳层随桩体一起滑动，桩土剪切滑动面由 AA' 外移至 BB'。桩土剪切面面积由 πDL 扩大至 $\pi(D+\delta)L$，桩侧极限摩阻力取决于强度得以恢复的重塑区抗剪强度。因此，黏性土地基中双桥静力触探测得的局部侧壁摩阻力 f_s 可能低于此刻桩侧摩阻力，而密实砂土中双桥静力触探侧壁摩阻力可能高于实际桩侧摩阻力。综上所述，静力触探测得的局部摩阻力不同于桩侧摩阻力，将其用于估算单桩极限承载力时需进行修正。

休止期内桩侧有效应力变化对估算单桩极限侧摩阻力具有重要影响。俞峰等（2012）[138]给出了贯入过程及后期载荷作用下径向有效应力变化全过程曲线，如图 3.4 所示。可见，静压桩贯入及休止期内，作用于桩侧的径向有效应力一直处于变化状态。贯入初期初始应力较大，稳态贯入阶段侧阻“退化效应”导致有效应力降低[139]，降低幅度与沉桩循环次数密切相关[140]。“临界深度”后，径向有效应力保持一恒定值，不再发生变化[71]。静载过程中准静态荷载导致径向有效应力增加，变化幅度 $\Delta\sigma'_r$ 取决于重塑区的膨胀及主应力旋转。膨胀效应使径向有效应力增加，主应力旋转效应使径向有效应力降低。Jardine 等（2005）[54]将准静态荷载作用下即刻获得的桩侧摩阻力称之为“Static and Fresh”承载力，循环荷载作用将进一步降低径向有效应力。Poulos（1989）[141]，Chin 和 Poulos（1996）[142]研究侧阻退化时发现，桩土界面剪切位移对径向有效应力衰退影响较大，与 DeJong 等（2003）[137]研究成果一致。因此，无论是桩体贯入过程还是后期工作阶段，侧摩阻力衰减幅度大小取决于工作荷载循环次数。图 3.4 中未考虑时间效应对径向有效应力的影响，其在第 5 章作重点介绍。

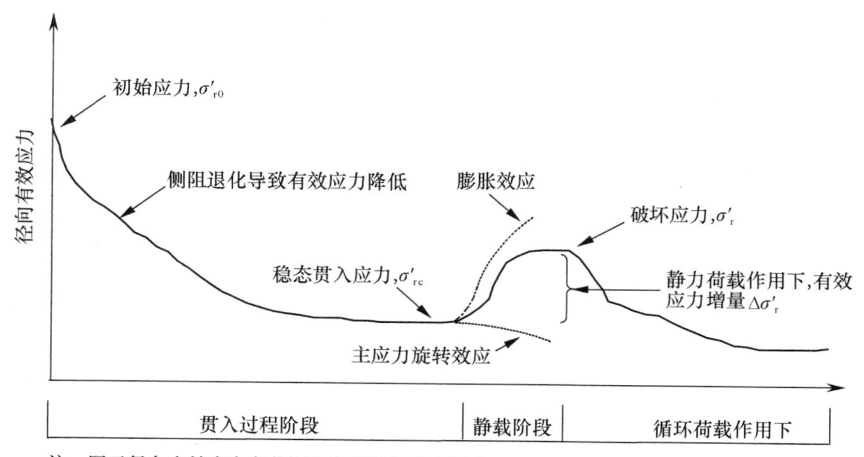

注：图示径向有效应力变化没有考虑时间效应影响

图 3.4　有效径向应力变化全过程示意图

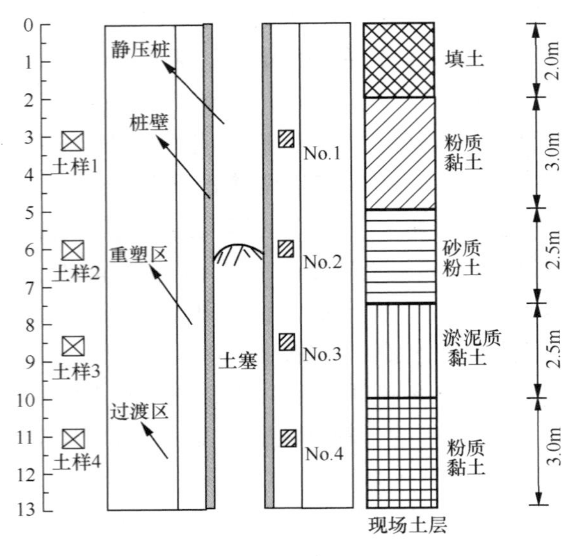

图 3.5 试样相对位置示意图

3.2.2 重塑区室内土工试验

为进一步研究重塑区与原状土性状差异，沉桩结束 16d 工程桩开挖时分别选取现场重塑区不同位置的 4 组试样进行物理力学指标测试，取样位置如图 3.5 所示。取样过程中因重塑区与过渡区界线不明显，只对重塑区性状进行试验，室内试验结果如表 3.2 所示。可见，相对于原状土，重塑区土体天然含水量降低，重度增大，孔隙比下降，摩擦角增大，这些都是桩周土被挤密的外在表现，说明桩体贯入过程中，桩周土（重塑区）受到一定程度挤压。桩周土体受贯入扰动影响，黏聚力降低，但经过一定时间休止期后强度得以恢复甚至超过原状土，这是单桩承载力时间效应的主要影响因素之一。

试验场地重塑区样本与对应土层物理力学指标对比　　表 3.2

土样	天然含水量 w（%）	重度 γ（kN/m³）	土粒比重 G_s	孔隙比 e	液限 W_L	塑限 W_p	黏聚力 c（kPa）	内摩擦角 φ（°）
重塑区试样 No. 1	24.42	20.43	2.72	0.63	30.1	17.9	15.5	22.4
原状粉质黏土土样 1	25.7	19.36	2.72	0.73	30.1	17.9	14.0	21.5
重塑区试样 No. 2	28.70	19.94	2.19	0.74	33.3	26.4	7.3	31.3
原状砂质粉土土样 2	31.2	18.52	2.19	0.87	33.3	26.4	7.1	29.4
重塑区试样 No. 3	39.87	18.96	2.74	0.79	37.0	19.7	17.9	10.6
原状淤泥质黏土土样 3	44.8	17.07	2.74	1.28	37.0	19.7	15.8	8.0
重塑区试样 No. 4	22.70	19.84	2.72	0.61	28.6	15.8	30.1	23.9
原状粉质黏土土样 4	23.4	19.77	2.72	0.67	28.6	15.8	28.5	22.8

图 3.6 为重塑区土体含水量、重度、孔隙比、黏聚力和摩擦角等参数相比原状土变化幅度随深度变化曲线。天然含水量平均变化幅度为−6.73%，因土性差异，此数值小于 Soderberg（1961）[132]的测试值−13%。剔除填土层及底层粉质黏土的影响，参数的变化幅度沿深度逐渐增大，这与重塑区厚度变化呈相反趋势。在上覆土层附加应力作用下，底部土层所受应力较大，而孔隙水压力变化不受埋深影响[132]，1 倍桩径（1D）范围内，上覆土层引起的附加应力起主要作用。上覆土层越厚，产生的附加应力越大，孔隙水压力消散越快，土性参数变化幅度越大，重塑区厚度越小，与上述观察到的重塑区厚度变化趋势一致。据此，建立参数变化幅度沿深度的理想分布曲线：剔除填土层及底层粉质黏土层影响，土层范围内参数变化线性增大，重塑区厚度线性减小。

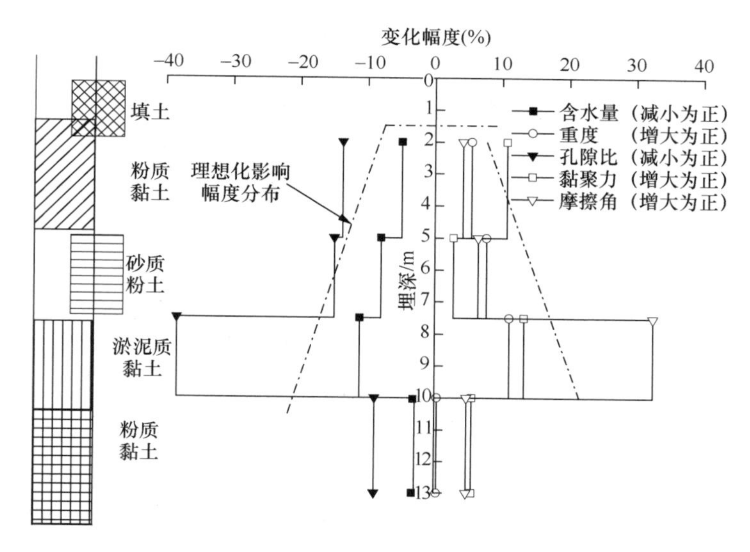

图 3.6 重塑区参数相比原状土变化

3.3 桩-土滑动摩擦室内试验研究

静压桩贯入过程中，桩土摩擦系数制约着桩侧摩阻力大小。准确确定桩土摩擦系数大小对判断静压桩的沉桩可能及研究承载力时间效应具有重要影响。国内外众多学者对土-结构物界面特性进行过研究与探讨。Kishida 和 Uesugi（1987）[143]分别对砂土-钢界面的直剪试验、环剪试验及环形试件扭剪试验进行了研究。Johnston 等（1987）[144]首先将恒刚度剪切试验应用于嵌岩桩性状研究。后来 Fioravante（2002）[145]，DeJong 等（2003）[137]将其应用于单调或循环荷载作用下桩-土界面的剪切性状研究。Fakharian 等（1997）[146]利用 C3DSSI 剪切仪对恒法向应力及恒法向刚度状态下砂-钢体界面特性进行了描述，并对侧摩阻力退化机理进行了分析。张明义等（2002）[147]通过改进仪器上的室内试验，研究了桩-土滑动摩擦性状。杨有莲等（2009）[148]进行了桩-土界面力学特性的环剪试验，发现泥皮的存在会降低桩侧摩阻力，泥皮与桩界面的摩擦角与桩土界面摩擦角的比值约为 63.5%。朱俊高等（2011）[149]发现泥皮存在使桩土间黏聚力降低 30%。刘俊伟（2012）[51]通过自制恒刚度循环剪切仪进行了恒刚度剪切试验。研究发现接触面剪应力随循环次数呈指数型衰退，30 个循环左右剪应力保持恒定，且衰减幅度与法向刚度呈正相关关系。

3.3.1 试验设置

试验仪器在传统直剪仪基础上改制而成，如图 3.7 所示。下剪切盒用 10cm×10cm×2cm 混凝土块代替，防止剪切过程中剪切面发生变化，替换后剪切面保持 30cm^2 不变。所用混凝土表面粗糙度与工程桩接近，约为 0.01mm。上剪切盒尺寸不变，直径和高度仍为 6cm 和 1.5cm。

试验土样取自场区原状土，物理力学指标如表 2.1 所示。每层土取一组试样，共四组

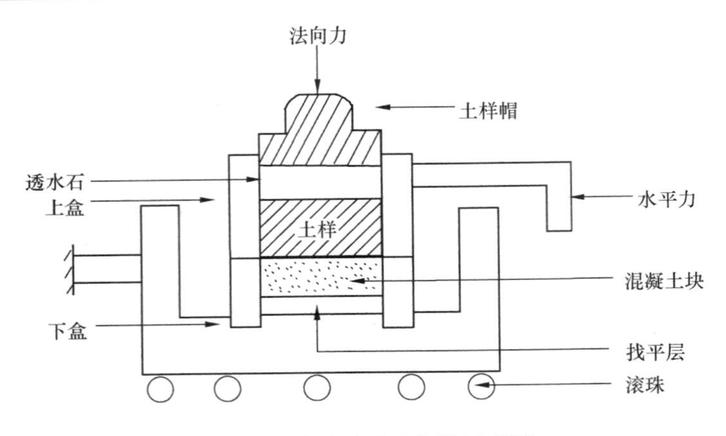

图 3.7　改造后试验仪器示意图

试样，取样位置如图 3.5 土样 1～土样 4 所示。为了使结果更接近于真实值，待所取原状土土样全部风干后按照密实度及含水量制备重塑土，模拟桩周重塑区与桩身摩擦性状。取土样 1（粉质黏土），土样 2（砂质粉土），土样 3（淤泥质黏土），土样 4（粉质黏土）各四组试样，试样切 4 个土样，称重装入上盒并按重度相等的原则击实使其达到原来密实度，然后分别在垂直荷载 100kPa、200kPa、300kPa、400kPa 作用下进行剪切试验，记录剪切位移与滑动摩擦力。张忠苗（2007）[128]研究表明，充分调动桩土作用的相对位移为 2～10mm，本次试验为充分了解桩土摩擦性状，尽可能大地延长其相对滑动距离。剪切速率对试验结果影响不大[147]，本次试验水平剪切速度为 0.8mm/min。

3.3.2　试验结果与分析

试验结束后，粉质黏土、砂质粉土、淤泥质黏土均有少量泥皮附着于混凝土表面，如图 3.8 所示。图 3.9 表示重塑土样与混凝土滑动摩擦曲线。

图 3.8　剪切试验结束后附着于混凝土表面的泥皮

由图 3.9 可以看出，100kPa 法向应力作用下四组土样极限滑动摩阻力均不大于 50kPa，最小值为 20.11kPa（土样 1）。随着法向应力增大土样滑动摩阻力增大，至 400kPa 作用时最大值为 202.04kPa（土样 2），说明桩土滑动摩阻力大小与土体类型及法向应力密切相关。土体强度越高，法向应力越大，则桩土间滑动摩擦力越大。

桩土极限滑动摩擦力与土体极限强度类似，可用库仑公式表示如下[150]：

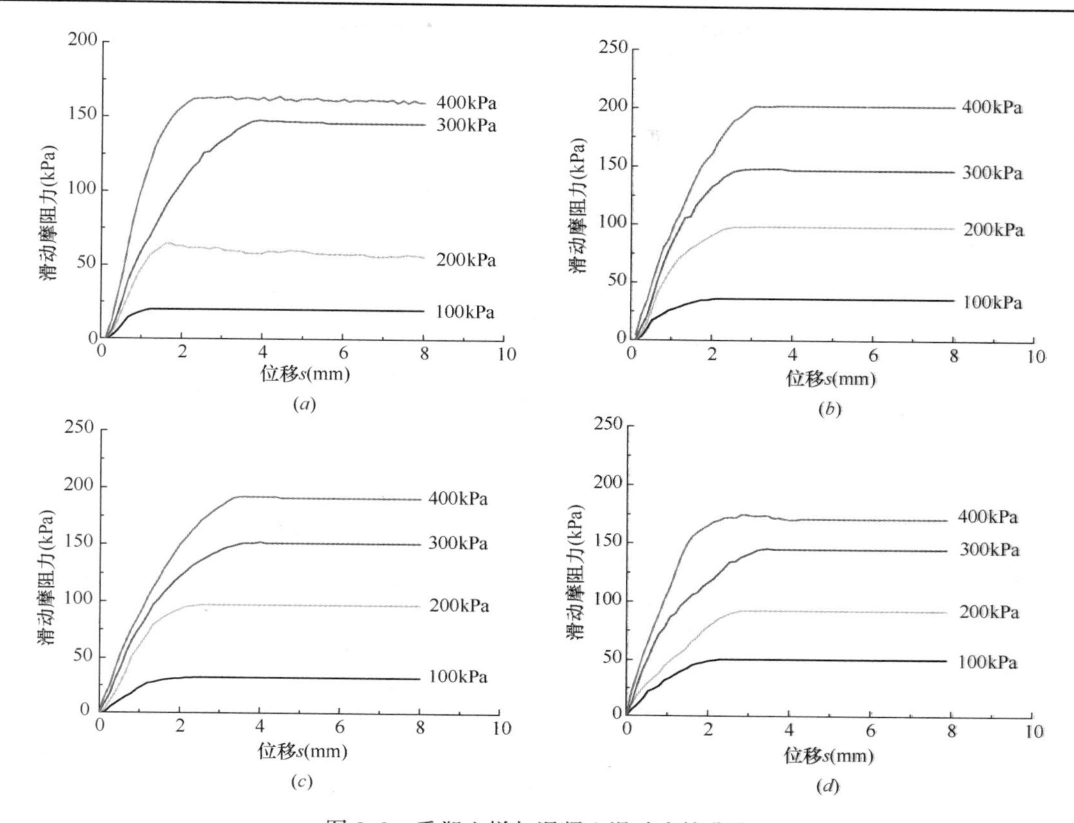

图 3.9　重塑土样与混凝土滑动摩擦曲线

(a) 土样 1（粉质黏土）；(b) 土样 2（砂质粉土）；(c) 土样 3（淤泥质黏土）；(d) 土样 4（粉质黏土）

$$f = \sigma \tan\varphi' + c \tag{3.1}$$

式中　σ——桩土法向应力（kPa）；

φ'——桩土摩擦角；

c——桩周原状土抗剪强度（kPa）；桩体贯入过程中桩周土体强烈扰动土体强度降低，c 可忽略不计。

相同法向应力作用下，φ'值大小对桩土间摩擦性状具有重要影响。以土样极限滑动摩阻力为纵轴，桩土间法向应力为横轴作出滑动摩阻力与桩土法向应力关系曲线如图 3.10 所示。分析可知，混凝土与土样极限滑动摩擦力与法向应力近似成直线关系，可根据两者关系得到土样外摩擦角，如表 3.3 所示。表 3.4 为文献［99］给出的太原某工程场地土体外摩擦角。结合表 3.3 可以看出，杭州地区粉质黏土外摩擦角要大于太原地区，这主要是由于杭州地区土体强度较高，土质较好所致（太原试验场地粉质黏土部分参数为：w=25.7%，

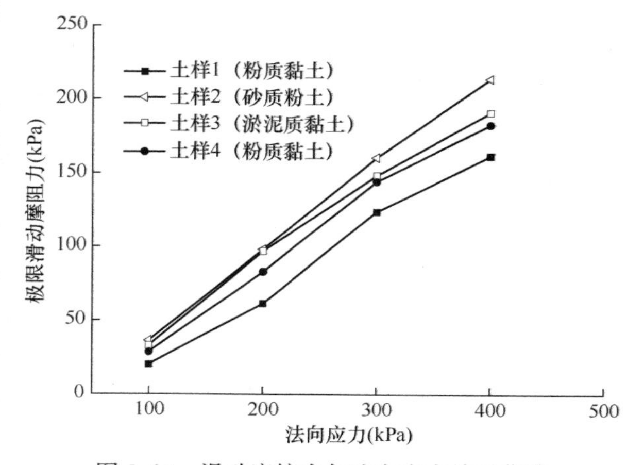

图 3.10　滑动摩擦力与法向应力关系曲线

γ=19.7kN/m^3，e=0.770，I_L=0.48，c=86kPa，φ=14.4°，E_S=6.21 MPa)。

土样外摩擦角 **表 3.3**

外摩擦角	土样 1	土样 2	土样 3	土样 4
φ (°)	28.34	28.93	27.83	21.91

太原某工程场地土体外摩擦角 **表 3.4**

外摩擦角	粉土	粉质黏土	粉土	粉土	粉质黏土
φ (°)	27.5	18.8	32.5	33.4	17.6

3.4 层状土地基开口 PHC 管桩极限承载力的 CPT 设计方法

3.4.1 现有设计方法讨论

静力触探设计方法大致可分为两类：一类为利用 CPT 锥尖阻力 q_c及侧壁阻力 f_s分别估算单桩极限端阻及侧阻，并对其进行修正，将其定义为Ⅰ类设计方法，如铁路触探组、同济大学工程地质与水文地质教研室、上海静力触探小组各自提出的设计方法及规范建议设计方法；另一类为国际上通用的 CPT 设计方法[151]，即采用更为可靠的 q_c而非 f_s估算极限端阻及侧摩阻力，将其定义为Ⅱ类设计方法。无论采用哪类设计方法，均可将其划分为极限桩端阻力及极限桩侧摩阻力估算两方面来考虑。

3.4.1.1 桩端阻力估算

单层均质土地基中锥头贯入超过“临界深度”后，极限端阻受尺寸效应影响较小[152]。贯入成层土地基时，桩端阻力受土层界面影响较大，Meyerhof 认为影响范围为 1 倍桩径，Gates 根据对数螺旋破坏线计算结果认为影响范围约为 2～4 倍桩径[152]，因此为了消除上述因素对桩端阻力的影响，Ⅰ、Ⅱ设计方法均采用取桩端全断面上下各一定范围的探头阻力平均值来计算桩端阻力。表 3.5 汇总了各设计方法桩端阻力计算及桩端影响区取值范围，其中 A 代表桩端全断面以上影响区范围，B 代表桩端全断面以下影响区范围，如图 3.11 所示。

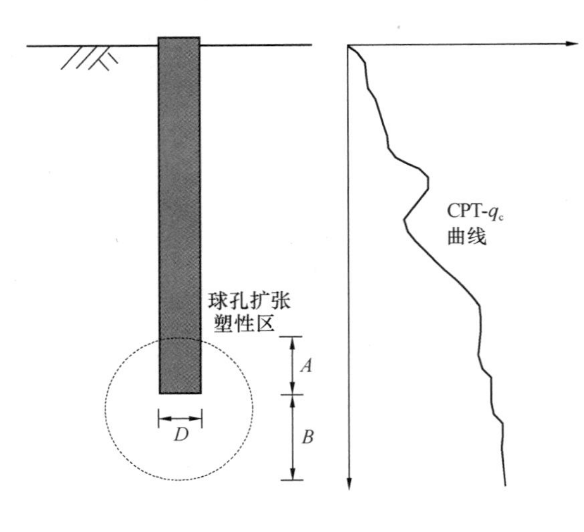

图 3.11 桩端影响区示意图

3.4.1.2 桩侧摩阻力估算

静力触探测得的局部摩阻力不等同于桩极限侧摩阻力。静力触探探杆表面光滑，贯入过程中对探头周围土体扰动较小；预制桩与周围土体摩擦较大，且对桩周土体扰动剧烈，后期重塑区性状对极限承载力影响较大，如 3.2 节所述，因此，需对双桥静力触探测得的局部摩阻力进行修正来估算单桩极限摩阻力。Ⅰ类设计方法采用侧摩阻力综合修正系数来消除其影响，Ⅱ类设计方法则采用库仑摩擦定律来确定某深度处桩侧摩阻力 q_s，计算取值如表 3.6 所示。

各设计方法桩端阻力计算及影响区范围 **表 3.5**

名称		桩端平均阻力 q_p 确定	适用桩型	桩端影响区范围取值	备注
Ⅰ类设计方法	铁路触探小组	$q_p/q_{ca}=\alpha$	混凝土预制桩	$A=4D$，$B=4D$	α 为桩端阻力修正系数，值取决于地基土种类
	同济大学	$q_p/q_{ca}=1/K$	混凝土预制桩	$A=4D$，$B=1D$	对于不同的土，$K=2$ 或 3
	上海静力触探小组	$q_p/q_{ca}=\alpha$	混凝土预制桩	桩端位于软土持力层，桩端以下 $(1\sim2)D$ 范围内存在硬下卧层时，$A=4D$，$B=1D$；其他情况 $A=8D$，$B=4D$	α 为桩端阻力修正系数，$\alpha=1$
	94 版规范	$q_p/q_{ca}=\alpha$	混凝土预制桩	$A=4D$，$B=1D$	α 为桩端阻力修正系数，黏性土和粉土取 2/3，饱和砂土取 1/2
		$q_p/q_{ca}=\lambda_p\alpha$	开口钢管桩	$A=4D$，$B=1D$	α 为桩端阻力修正系数；λ_p 为桩端土塞效应系数 $\lambda_p=0.16(h_d/D)$，当 $\lambda_p\geqslant0.8$ 时，取 $\lambda_p=0.8$
	08 版规范	$q_p/q_{ca}=\alpha$	混凝土预制桩	$A=4D$，$B=1D$	α 为桩端阻力修正系数，黏性土和粉土取 2/3，饱和砂土取 1/2
		$q_p/q_{ca}=\lambda_p\alpha$	开口钢管桩	$A=4D$，$B=1D$	α 为桩端阻力修正系数；λ_p 为桩端土塞效应系数 $\lambda_p=0.16(h_d/D)$，当 $\lambda_p\geqslant0.8$ 时，取 $\lambda_p\geqslant0.8$
Ⅱ类设计方法	ICP	未闭塞：$q_p/q_{ca}=1-(d/D)^2$ 闭塞：$q_p/q_{ca}=\max[0.14-0.25\log D, 0.15, 1-(d/D)^2]$	钢管桩，混凝土预制桩	$A=1.5D$，$B=1.5D$	q_{ca} 为临近桩端某一影响区内的 CPT-q_c 平均值。d 为桩内径，D 为桩外径
	UWA	$q_p/q_{ca}=0.6-0.45(d/D)^2 IFR$	钢管桩，混凝土预制桩	$A=8D$，$B=(0.7\sim4)D$	IFR 为土塞增长率，其余参数定义同 ICP
	HKU	$q_{ann}/q_{ca}=1.063-0.045(L/D)\geqslant0.46$ $q_{plug}/q_{ca}=1.063\exp(-1.933PLR)$	钢管桩，混凝土预制桩	局部埋置(q_c 突变)：$A=8D$；$B=1.5D$； 局部埋置(q_c 无突变)：$A=1.5D$；$B=1.5D$； 完全埋置(砂土)：$A=8D$；$B=1.5D$； 完全埋置(粉砂)：$A=1D$；$B=2.5D$	q_{ann} 为桩端管壁部分单位端阻；q_{plug} 为土塞单位端阻；L 为桩体埋置深度；PLR 为土塞率

各设计方法桩侧摩阻力计算取值

表 3.6

名称			桩侧摩阻力 q_s 确定	适用桩型	备注
Ⅰ类设计方法	铁路触探小组		$q_{si}=f_{si}$	混凝土预制桩	f_{si} 为对应土层局部摩阻力平均值
	同济大学		$q_{si}=\beta_i f_{si}$	混凝土预制桩	f_{si} 为对应土层局部摩阻力平均值；β_i 为综合修正系数
	上海静力触探小组		$q_{si}=\beta_i f_{si}$	混凝土预制桩	f_{si} 为对应土层局部摩阻力平均值；β_i 为综合修正系数
	94 版规范		$q_{si}=\beta_i f_{si}$	混凝土预制桩	β_i 为桩侧阻力综合修正系数，黏性土和粉土：$\beta_i=10.04(f_{si})^{-0.55}$；砂土：$\beta_i=5.05(f_{si})^{-0.45}$
			$q_{si}=\lambda_s\beta_i f_{si}$	开口钢管桩	β_i 为桩侧阻力综合修正系数，黏性土和粉土：$\beta_i=10.04(f_{si})^{-0.55}$；砂土：$\beta_i=5.05(f_{si})^{-0.45}$，$\lambda_s$ 为侧阻挤土效应系数，桩径越大取值越大
	08 版规范		$q_{si}=\beta_i f_{si}$	混凝土预制桩	β_i 为桩侧阻力综合修正系数，黏性土和粉土：$\beta_i=10.04(f_{si})^{-0.55}$；砂土：$\beta_i=5.05(f_{si})^{-0.45}$
			$q_{si}=\beta_i f_{si}$	开口钢管桩	β_i 为桩侧阻力综合修正系数，黏性土和粉土：$\beta_i=10.04(f_{si})^{-0.55}$；砂土：$\beta_i=5.05(f_{si})^{-0.45}$
Ⅱ类设计方法	ICP	$q_s=\sigma'_r\tan\delta_{cv}=(\sigma'_r+\Delta\sigma'_r)\tan\delta_{cv}$；$\sigma'_r$ 为桩土界面破坏时的径向有效应力；σ'_{rc} 为沉桩结束后休止期内径向有效应力；$\Delta\sigma'_r$ 为轴向受荷引起的径向有效应力增量；δ_{cv} 为通过恒体积剪切试验确定的桩-土界面摩擦角	$\sigma'_{rc}/q_c=0.029(\sigma'_v/p_a)^{0.13}[\max(h/R_e,8)]^{-0.38}$；$\Delta\sigma'_r=4G\Delta r/D$	钢管桩，混凝土预制桩	σ'_v 为沉桩前某深度土的竖向有效应力，p_a 为参考压力(100kPa)，R_e 为按管壁截面积等效的桩径，h 为考察点与桩端的竖向距离；Δr 为轴向加载引起的桩-土剪切带径向位移；G 为所考察深度桩周土的剪切模量，$G/q_c=185(q_c/p_a)^{-0.7}/(\sigma'_v/p_a)^{-0.35}$
	UWA		$\sigma'_{rc}/q_c=0.03[1-(d/D)^2 IFR]^{0.3}[\max(h/D,2)]^{-0.38}$；$\Delta\sigma'_r=4G\Delta r/D$	钢管桩，混凝土预制桩	IFR 为土塞增长率，其余参数定义同 ICP
	HKU		$\sigma'_{rc}/q_c=0.03[1-(d/D)^2 PLR]^{0.3}[\max(h/D,2)]^{-0.38}$；$\Delta\sigma'_r=4G\Delta r/(D^2-PLRd^2)^{1/2}$	钢管桩，混凝土预制桩	PLR 为土塞率，其余参数定义同 ICP

由表3.5、表3.6可以看出，桩端阻力取值方面，Ⅰ类设计方法引用桩端阻力综合修正系数α来考虑土塞效应影响，桩端阻力影响区范围取值也较为简单。Ⅱ类设计方法则通过引入土塞增长率IFR（UWA方法），土塞率PLR（HKU方法）来考虑土塞效应影响，桩端阻力影响区范围取值更为准确，显然Ⅱ类设计方法更为合理。Ⅱ类设计方法采用库仑摩擦定律来确定某深度处桩侧摩阻力q_s，较Ⅰ类设计方法引入桩侧摩阻力综合修正系数β_i受力机理更为明确。

综上所述，虽然Ⅱ类设计方法较Ⅰ类设计方法考虑了更多因素，如土塞效应、侧阻退化、深度效应、时间效应等，但单桩极限承载力受众多非定量因素影响，难以将其估算准确，这也是我国《建筑桩基技术规范》JGJ 94—2008及各地方性规范未将其定量化的原因。

3.4.2　基于静载荷试验单桩极限承载力经验公式修正系数取值

Ⅰ类及Ⅱ类设计方法在估算单桩极限承载力方面均存在一定误差，消除此误差最好方法是在进行静载荷试验时，通过预先埋设于桩顶及桩侧的测试元件实测桩端阻力及各土层桩侧摩阻力，并对估算单桩极限承载力的双桥静力触探结果进行修正，以确定地区性经验公式。

3.4.2.1　试验设置

PJ4沉桩结束17d后进行静载荷试验，试验采用慢速维持荷载法，休止时间满足《桩基检测规范》JGJ 106—2003非饱和黏性土不少于15d的要求，传感器布置如图2.6所示。试验过程采用SI425数据采集仪进行数据实时采集，如图3.12所示。双桥静力触探点位

(*a*)　(*b*)　(*c*)　(*d*)

图3.12　静载荷试验过程

（*a*）散架堆载；（*b*）FBG光纤传感器；（*c*）百分表安装；（*d*）数据采集

置如图 2.5 所示，试验开始前将表层约 1.5m 厚杂填土挖除，便于探头贯入，如图 3.13 所示。

(a) (b)

(c) (d)

图 3.13 静力触探过程

(a) 挖除表层土；(b) 静力触探设备；(c) 探杆贯入；(d) 数据采集

3.4.2.2 试验结果与分析

图 3.14 为静载荷试验荷载-沉降曲线，曲线形状呈缓变型。当桩顶加载量为 1200kN 左右时，桩体总沉降量为 45.8mm，大于缓变型沉降曲线的最大沉降控制值 40mm，桩体再次贯入达到极限破坏状态，此时单桩极限承载力为 1200kN。O'Neill 等（1991）[153] 研究表明，当桩顶沉降量达到桩径 5%时可以认为桩端阻力被充分调动，PJ4 桩体破坏时桩顶沉降量为 45.8mm，远远大于桩径的 5%，桩端阻力已经被充分调动。

静载过程中桩身轴力沿深度分布曲线如图 3.15 所示。静载试验开始前，埋设于桩身的 FBG 光纤传感器读数以传感器初始读数为基准，即不考虑残余应力影响，残余应力对静载荷试验的影响在第 4 章作详细介绍。由图 3.15 可以看出，较小荷载作用下（小于 450kN）8m 以上桩身受力较大，8m 以下桩身轴力较小，表明桩顶加载量较小时，桩顶荷载被上部桩体桩土间作用平衡，下部桩土间摩阻力未充分调动。随着上部荷载增加，下部桩土间摩阻力及桩端阻力得以调动。

图 3.16 为不同荷载作用下桩侧摩阻力与桩顶加载量比值变化。图示表明，当桩顶加载量为 300kN 时，桩侧摩阻力占桩顶荷载比值为 95.7%，桩体呈摩擦桩性状。随着桩顶荷载的继续施加，桩端阻力逐步发挥作用，桩顶加载量为 900kN 时，桩端阻力分担比为 22.2%，桩体表现端承摩擦桩性状。桩体加载至破坏过程中，桩侧摩阻力依次向下发挥，

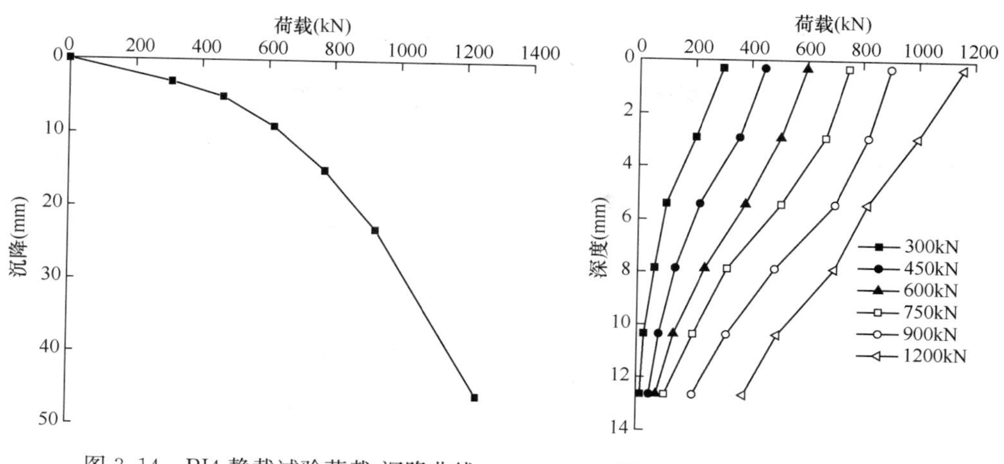

图 3.14　PJ4 静载试验荷载-沉降曲线

图 3.15　PJ4 桩身轴力分布曲线

单桩性状由摩擦桩逐渐向端承摩擦桩过渡。加载至桩体破坏时，桩侧摩阻力与桩端阻力所占比值分别为 68.2%和 31.8%。

图 3.17 为静载过程中每级荷载作用下桩侧摩阻力分布曲线。由图可以看出，随着桩顶荷载增加，桩土间侧摩阻力逐步发挥，各土层桩侧摩阻力逐渐增大。加载初期（小于 450kN），上部土层极限摩阻力大于下部，下部桩土间摩阻力未充分调动，与图 3.15 表现特性一致。继续增加桩顶荷载，桩底部摩阻力逐渐发挥，说明桩土间摩阻力自上至下逐步调动，且下部桩土间摩阻力调动所需桩顶荷载要大于上部。图 3.17 表明，上部填土层桩土摩阻力充分调动所需桩顶荷载为 300kN，远小于最下部粉质黏土层发挥所需桩顶荷载 1200kN。

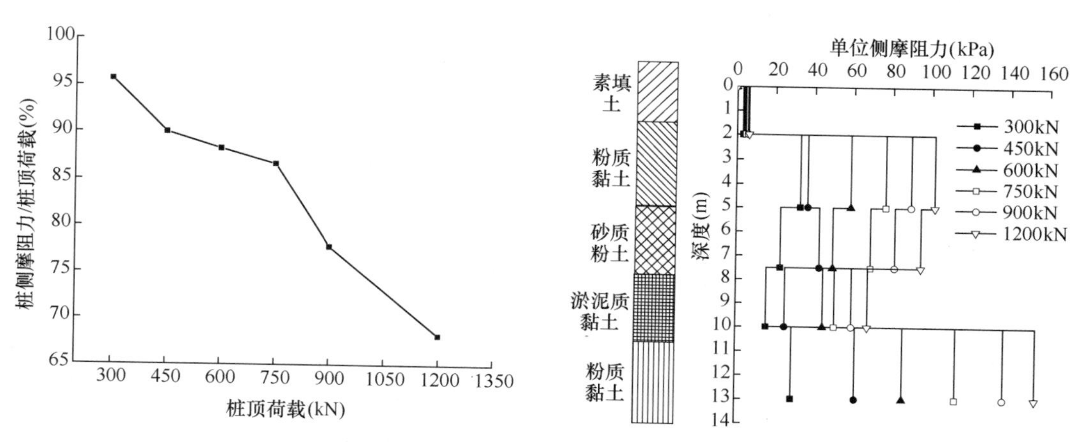

图 3.16　桩侧摩阻力随桩顶加载量的发挥

图 3.17　PJ4 桩侧摩阻力分布

图 3.18 为单位摩阻力-相对位移静载荷试验及室内试验曲线，其中静载荷试验桩周真实法向应力根据公式（3.1）推得，室内试验曲线根据静载荷试验桩周实际法向应力进行了修正，实线表示现场测试结果，虚线为室内试验曲线。分析可知，对于某一确定土层，单位侧摩阻力随桩土相对位移逐渐增大直至破坏，桩土之间荷载传递呈双曲线形态，与 Coyle & Reese（1966）[154]，律文田等（2006）[155]建议的双曲线荷载传递模型相符。静载

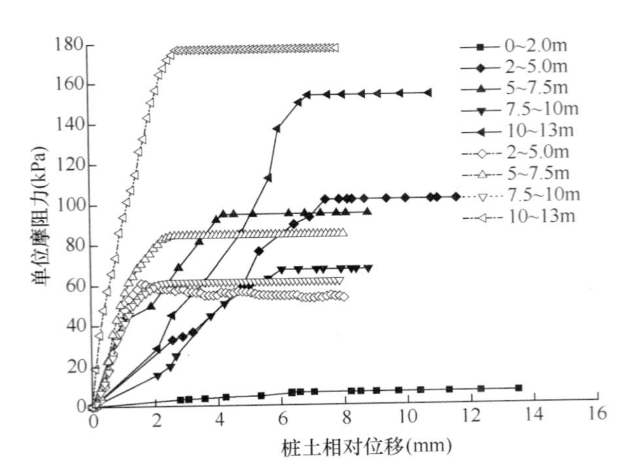

图 3.18 单位摩阻力-相对位移现场测试与室内试验对比

荷试验加载至破坏时桩土相对位移极值介于 6.05～7.46mm 之间，与张忠苗（2007）[128]建议值相符。相比静载荷试验结果，室内试验桩土相对位移极值较小，约为 2.40～2.53mm。

休止期内桩周重塑区使桩直径“扩大”，见图 3.3(*a*)，但扩大后摩阻力与原来桩土之间摩擦不尽相同。忽略填土层差异，表 3.7 表示现场测试与室内试验结果对比。各土层单位极限侧摩阻力现场实测值与室内试验结果比值分别为 1.80、1.20、1.09、0.87，除下层粉质黏土，现场测试结果明显大于室内试验结果，变化趋势与桩周重塑区厚度一致，重塑区性状对现场桩土侧摩阻力极值发挥具有一定程度影响。两者侧摩阻力极值发挥对应的桩土位移比介于 1.67～2.55 之间，静载荷试验过程中桩土相对极限位移大于室内滑动摩擦位移极值。载荷试验中重塑区与过渡区分界面为单桩承载力达到极限时桩土剪切滑动面，面积大于桩周面积，极限摩阻力取决于过渡区逐渐增大的抗剪强度，此为单桩极限侧摩阻力不同于双桥静力触探侧壁摩阻力主要原因之一，预测单桩极限承载力必须考虑此方面影响。

现场测试与室内试验结果对比 **表 3.7**

土层	单位极限摩阻力（kPa）			桩土极限相对位移（mm）			重塑区平均厚度（mm）
	现场测试	室内试验	两者比值	现场测试	室内试验	两者比值	
填土	6.32	—	—	6.32	—	—	—
粉质黏土	101.45	56.34	1.80	7.46	2.93	2.55	20
砂质粉土	94.56	84.43	1.20	4.23	2.53	1.67	15
淤泥质黏土	67.34	61.59	1.09	6.05	2.40	2.52	6
粉质黏土	153.21	176.63	0.87	6.96	2.93	2.38	22

表 3.8 汇总了各土层实测摩阻力极值与极限相对位移。竖向荷载作用于桩顶后，桩身自上而下压缩，从而激发向上的桩侧阻力和向下的桩土相对位移量。桩土相对位移量实质上是桩身某点与该处土相互作用错开的位移的量值。某点桩与土相对位移量公式如下[128]：

$$S(z_i) = S_t - S_{桩i} - S_{土i} \tag{3.2}$$

式中 S_t——荷载作用下桩顶沉降量；

$S_{桩i}$——桩顶至该点桩身混凝土压缩量；

$S_{土i}$——桩周土沉降量。

忽略桩周土沉降影响，试验过程中桩顶至测试点混凝土压缩量可由测试点及桩顶传感器波长变化结合混凝土弹性模量获得。

土层单位摩阻力极值与相对位移极值　　**表 3.8**

土层	深度范围（m）	单位极限摩阻力（kPa）			桩土极限相对位移 S_u（mm）		对应桩顶沉降 S_0（mm）		是否达到极限
		实测值	规范建议值	实测值/建议值	实测值	S_u/D	实测值	S_0/D	
填土	0～2	6.32	22	0.29	6.32	0.0158	7.45	0.0186	是
粉质黏土	2～5	101.45	36	2.82	7.46	0.0187	14.93	0.0374	是
砂质粉土	5～7.5	94.56	66	1.43	4.23	0.0106	23.49	0.0587	是
淤泥质黏土	7.5～10	67.34	61	1.10	6.05	0.0151	30.34	0.0759	是
粉质黏土	10～15	153.21	55	2.79	6.96	0.0174	45.8	0.1145	是

分析可知，PJ4 桩侧单位摩阻力极值 153.21kPa 出现在底部粉质黏土层，高于规范建议值 189%。填土层单位极限侧摩阻力实测值小于规范建议值，两者比值约为 0.29，其余土层单位极限侧摩阻力实测值均大于规范建议值，比值介于 1.10～2.82 之间，规范建议取值较为保守。粉质黏土层侧摩阻力完全发挥所需桩土位移最大，约为 7.46mm（0.0187D，D 为桩径），对应的桩顶沉降约为 14.93mm（0.0374D）。砂质粉土层侧摩阻力完全发挥桩土相对位移最小，约为 4.23mm（0.0106D），对应的桩顶沉降约为 23.49mm（0.0587D）。

3.4.2.3　经验公式修正系数量化取值

《建筑桩基技术规范》JGJ 94—2008 规定：当根据双桥静力触探资料确定混凝土预制桩单桩竖向极限承载力标准值时，对于黏性土、粉土和砂土，如无当地经验时可按下式计算：

$$Q_{uk} = Q_{sk} + Q_{pk} = \mu \sum l_i \cdot \beta_i \cdot f_{si} + \alpha \cdot q_c \cdot A_p \tag{3.3}$$

式中　μ——桩身周长；

l_i——桩周第 i 层土的厚度；

A_p——桩端面积；

f_{si}——第 i 层土的探头平均侧阻力（kPa）；

q_c——桩端平面上、下探头阻力，取桩端平面以上 4D（D 为桩直径或边长）范围内按土层厚度的探头阻力加权平均值（kPa），然后再和桩端平面以下 1D 范围内的探头阻力进行平均；

α——桩端阻力修正系数，对于黏性土、粉土取 2/3；饱和砂土取 1/2；

β_i——第 i 层土桩侧阻力综合修正系数，黏性土、粉土：$\beta_i = 10.04(f_{si})^{-0.55}$；砂土：$\beta_i = 5.05\ (f_{si})^{-0.45}$。

对于双桥静力触探确定单桩极限承载力而言，μ、l_i、A_p、f_{si}、q_c 等参数均为定值，受尺寸效应、土塞效应及时间效应影响对双桥静力触探探头阻力 q_c 及探头平均侧摩阻力

f_{si}进行修正，修正系数的取值决定估算精度大小。表 3.9 给出了实测桩端阻力及侧摩阻力与静力触探计算值比较结果。

实测值与双桥静力触探计算值比较　　表 3.9

土层	深度范围(m)	桩端阻力（MPa）				单位极限摩阻力（kPa）			
		实测值	静力触探计算值	α（实测值）	α（规范建议值）	实测值	静力触探计算值	β_i（实测值）	β_i（建议值）
填土	0～2	—	—	—	—	6.32	—	—	—
粉质黏土	2～5	—	—	—	—	101.45	34.35	2.95	1.44
砂质粉土	5～7.5	—	—	—	—	94.56	42.64	2.22	1.27
淤泥质黏土	7.5～10	—	—	—	—	67.34	34.67	1.94	1.43
粉质黏土	10～13	1.59	1.07	1.49	2/3	153.21	40.18	3.81	1.32

表 3.9 表明静力触探估算桩端阻力大小为 1.07 MPa，小于实测值 1.59 MPa，桩端阻力修正系数 α 实测值大于规范建议值，前者约为后者的 2.24 倍，造成这种差异的原因主要是沉桩过程中桩端土塞效应显著[51]。侧摩阻力方面，除填土层外其余土层桩侧阻力综合修正系数 β_i实测值大于规范建议值。粉质黏土层实测值约为规范建议值的 2.06～2.89 倍，砂质粉土层前者约为后者的 1.75 倍，淤泥质黏土约为 1.36 倍。静压桩休止期内时间效应对单桩极限承载力影响较大，静力触探受时间效应影响较小，此为产生两者差异的主要原因。可见，规范给出的双桥静力触探估算单桩极限端阻及极限侧阻存在一定误差，建议双桥静力触探估算试验场区单桩极限承载力时桩端阻力修正系数 α 取值为 1.50，对于土层桩侧阻力综合修正系数 β_i粉质黏土取值 2.95～3.81，砂质粉土取值 2.22，淤泥质黏土取值 1.94。需要指出的是，试验场区单桩极限承载力预测桩端阻力修正系数 α 及土层桩侧阻力综合修正系数 β_i取值均为现场实测值与静力触探计算值两者比值，因数据有限，与各土层修正系数有关的经验公式没有给出，需在取得大量数据后才能具体确定两者之间的关系式。

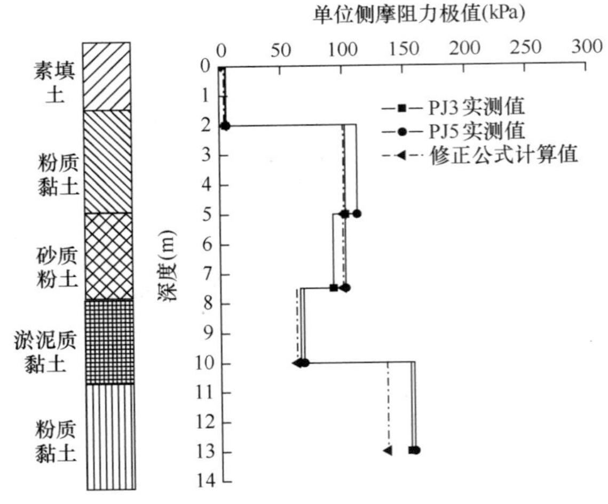

图 3.19　PJ3、PJ5 土层极限摩阻力计算值与实测值对比

3.4.2.4　试验验证及分析

采用上述试验获得的桩端阻力修正系数 α 及土层桩侧阻力综合修正系数 β_i验证试桩 PJ3 单桩极限承载力。图 3.19 为计算所得 PJ3 桩侧摩阻力分布曲线。由图可以看出，桩侧摩阻力计算值能够明显反映土层差异对桩侧摩阻力的影响，而且考虑时间效应后桩侧摩阻力更符合上小下大的分布规律，与实际情况相符。为便于比较，将休止期内 PJ3、PJ5 第 5 次复压所得单位侧摩阻力极值一并绘于图 3.19。采用土层桩侧阻力综合修正系数 β_i建议取值后 PJ3 各土层侧

摩阻力极值计算值与实测值比值分别为 0.84、0.99、1.09、0.95、0.88；PJ5 各土层侧摩阻力极值计算值与实测值比值分别为 0.75、0.90、0.98、0.91、0.86，可见预测值与隔时复压实测值结果较为接近，预测效果较好。

图 3.20 表示 PJ3 桩侧土层单位侧摩阻力均值与规范建议值对比情况。可见，采用土层桩侧阻力综合修正系数 β_i 建议值计算得到的单位侧摩阻力均值与实测值更为接近，《建筑桩基技术规范》JGJ 94—2008 给出的按照公式（3.3）计算得到的结果与实际测试结果差别较大，主要表现为填土层偏大，其余土层处偏小。受贯入初期桩身晃动影响，填土层桩周土与桩体接触不紧密，沉桩结束后时间效应不显著，其余土层桩侧摩阻力时间效应较大，规范建议公式没有将两者进行区分。规范经验公式（3.3）参数取值大多考虑尺寸效应差异，未考虑土塞效应及时间效应对桩基承载力的影响，这显然不符合实际情况，也与众多学者公认的考虑时间效应的桩基承载力公式不相符合[95]。

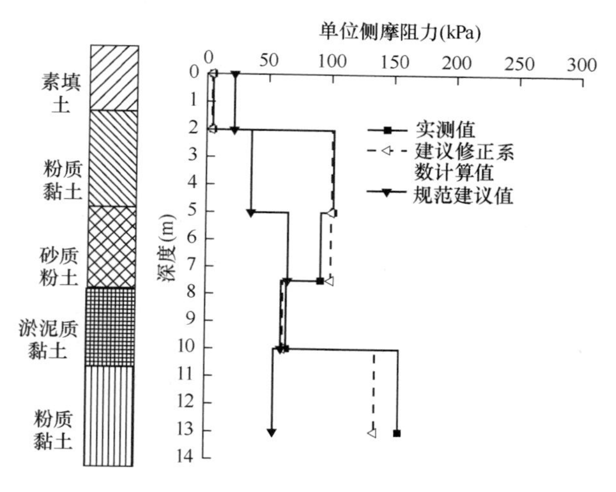

图 3.20　PJ3 单位侧摩阻力对比

图 3.21 表示 PJ3 实测值、建议修正系数计算值及规范建议值三者之间的比较。PJ3 总承载力、桩侧摩阻力及桩端阻力实测值分别为 1265kN、867kN 及 398kN，与其对应的建议修正系数计算值分别为 1237kN、830kN 及 407kN，误差分别为 2.3%、4.5% 及 2.3%，误差较小，准确度较高。规范建议总承载力、桩侧摩阻力及桩端阻力取值分别为 306kN、170kN 和 136kN，与实测值误差分别为 313.4%、410% 及 192.6%，误差较大。规范建议值与实测桩端阻力误差较大原因主要是开口管桩未考虑管桩内土体挤密效应影响；侧摩阻力差别较大主要是由于桩侧摩阻力受时间效应影响较大，桩端阻力受其影响较小，此方面在第 5 章将进行讨论。

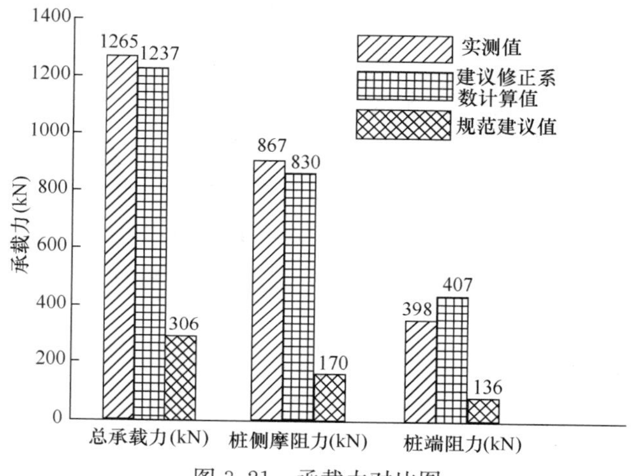

图 3.21　承载力对比图

3.5 本章小结

本章在桩身安装 FBG 光纤传感器的静压桩静载荷试验基础上，结合室内物理力学试验，从桩端阻力及侧摩阻力两个方面对静力触探资料与单桩极限承载力实测值进行了分析，基于试验成果量化了双桥静力触探估算单桩极限承载力公式修正系数，所得结论如下：

（1）静压桩沉桩结束一段时间后，桩周土明显分为 3 个区域：重塑区、过渡区及非扰动区，各自性状差异明显。不同土层因土体性状差异重塑区厚度变化较大，其中粉质黏土层最大，约为 28mm。淤泥质黏土层厚度最小，约为 6mm。同一土层重塑区厚度受上覆土压力影响，自上至下依次减小。相比原状土，重塑区土体比重未发生变化，土粒组成与原状土一致；重度、黏聚力、内摩擦角等参数均增大，表明贯入过程中重塑区受到强烈挤压；含水量降低较为显著，降低幅度达 6.73%。重塑区物理力学指标变化表明其内在有效应力的变化趋势。

（2）恒面积室内剪切试验表明，桩土极限滑动摩阻力与桩周土类型及法向应力密切相关。桩周土强度越高，桩土间法向应力越大，滑动摩阻力越大。不同法向应力作用下桩土极限滑动摩阻力与法向应力呈线性关系，斜率大小代表了桩土摩擦系数。同一法向应力作用下，桩土摩擦系数越大，滑动摩阻力越大。试验场区砂质粉土层桩土间摩擦角最大，约为 28.93°；10～13m 处粉质黏土层桩土摩擦角最小，约为 21.91°。

（3）成层土地基开口 PHC 管桩静载荷试验揭示了试验过程中开口管桩桩身荷载传递机理。桩顶荷载较小时，上部桩体桩土作用相互平衡，桩端阻力未发挥作用，桩体表现出摩擦桩性状。随着上部荷载的增加，桩侧摩阻力逐步发挥，待其全部发挥完毕后，桩端阻力得以调动。加载至桩体破坏时，桩侧摩阻力与桩端阻力所占比值分别为 77.8% 及 22.2%。

（4）对某一确定土层而言，单位侧摩阻力随桩土相对位移呈双曲线变化规律。粉质黏土层单位极限侧摩阻力实测值最大，介于 101.45～153.21kPa 之间，砂质粉土及淤泥质黏土取值较小，分别为 94.56kPa 及 67.34kPa，除填土层外，单位极限侧摩阻力实测值均大于规范建议值，规范建议取值较为保守。粉质黏土层及砂质粉土层侧摩阻力发挥所需桩土位移分别为 7.46mm、6.96mm、4.23mm，与桩身外径比值分别为 0.0187、0.0174、0.0106。受桩周重塑区影响，桩土极限摩阻力及相对位移现场实测值与室内试验结果差别较大。

（5）结合现场静载荷试验成果，对试验场区双桥静力触探估算单桩极限承载力经验公式修正系数进行了量化。结合现场试验结果，对采取建议修正系数经验公式进行了验证，表明试桩总承载力、桩侧摩阻力及桩端阻力计算值与实测值比值分别为 2.3%、4.5%、2.3%，预测效果较好。

第 4 章　静压桩施工残余应力机理及试验研究

4.1　引言

静压桩贯入过程中，桩顶荷载移除后因桩周土约束桩身弹性变形无法全部恢复而内锁于桩身的力，称为施工残余应力。施工残余应力大小与桩型、桩周土体性状、沉桩方法及沉桩循环次数（贯入过程中总压桩行程数）密切相关。沉桩结束至桩土体系再次达到平衡的过程中，桩身残余应力始终处于变化状态，此过程与桩周土体性状变化相关，持续时间达数月甚至数年。研究表明，桩身残余应力对桩基承载力具有重要影响，忽略残余应力将导致对桩基承载力认识的偏差。

4.2　国内外研究成果汇总

静压桩贯入过程中，桩端处产生的残余应力通过桩端布设测试元件较易获得，桩体其他断面残余应力则较难获取。许多学者基于桩端残余应力测试展开研究。刘俊伟(2012)[51]总结了近几十年来桩端残余应力测试成果，笔者在其基础上进行了补充一同列于表 4.1 中。可见，同等条件下静压桩施工残余应力要大于锤击桩残余应力，施工方法对残余应力影响较大。2003 年，Randolph 在文献［156］中指出静压施工引起的残余应力比锤击沉桩更大。

桩身残余应力实际工程中较难测量，尤其是除桩端以外其他断面桩身残余应力。因此，研究人员试图通过各种方法对桩身残余应力进行预测，建立桩身残余应力与测试指标之间的关系。Briaud 和 Tucker（1984）[65]在标准贯入试验基础上给出了考虑残余应力的桩侧及桩端荷载传递曲线，建立了桩侧及桩端残余应力的预测公式(4.1)、式(4.2)。

$$Q_R = Q_U - Q_{TU}\left[\frac{(E_p\Omega + K'_p)e^{\Omega(L-z)} - (E_p\Omega - K'_p)e^{-\Omega(L-z)}}{(E_p\Omega + K'_p)e^{\Omega L} - (E_p\Omega - K'_p)e^{-\Omega L}}\right] \tag{4.1}$$

$$Q_{PR} = Q_{PU} - \frac{2Q_{UT}}{\left(1+\dfrac{E_p\Omega}{K'_p}\right)e^{\Omega L} + \left(1-\dfrac{E_p\Omega}{K'_p}\right)e^{-\Omega L}} \tag{4.2}$$

式中　Q_R——深度 z 处的桩身残余应力；

Q_U——深度 z 处桩身轴力；

Q_{TU}——桩顶极限荷载；

E_p——桩体弹性模量；

K'_p——未受荷状态下桩端刚度；

L——桩长；

Q_{PR}——桩端残余应力；

Q_{PU}——桩端极限荷载；

$$\Omega=\sqrt{K'_\tau P/E_p A}$$

K'_τ——未受荷状态下桩侧刚度；

A——桩身截面积。

实测桩端残余应力成果汇总 **表 4.1**

参考文献	桩型	桩长 L_p（m）	等效桩径 D_e（m）	沉桩方式	桩端处土层情况	桩端残余应力（MPa）	备注
O'Neill 等 (1982)[64]	闭口钢管桩	13	—	锤击	黏性土	非常小	黏性土对桩约束较小，桩端残余应力不显著
Rieke 等 (1987)[67]	H 型钢桩	18.3	0.187	锤击	密实砂砾土，偶见卵石	4.6	桩身布置钢筋应力计并对桩身其他截面残余应力进行测试
Altaee 等 (1992)[72]	混凝土方桩	11.0	0.285	锤击	均质砂土，$SPT-N\approx20$	2.8	桩身布置钢筋应力计并对桩身其他截面残余应力进行测试
Altaee 等 (1993)[126]	混凝土方桩	15.0	0.285	锤击	均质砂土，$SPT-N\approx20$	3.2	桩身布置钢筋应力计并对桩身其他截面残余应力进行测试
Paik 等 (2003)[79]	闭口钢管桩	6.9	0.356	锤击	密实砾质砂土，$SPT-N\approx27$	2.3	桩身布置钢筋应力计并对桩身其他截面残余应力进行测试
	开口钢管桩	7.0	0.204	锤击	密实砾质砂土，$SPT-N\approx27$	1.9	
张明义 (2001)[80]	混凝土方桩	13.75	0.4	静压	花岗岩残积土，$SPT-N\geqslant200$	4.2	桩端安装自制传感器进行测试，未对桩身其他断面残余应力进行测试
Zhang 等 (2007)[81]	H 型钢桩	47.3	0.191	锤击	花岗岩残积土，$SPT-N\geqslant200$	29.8	桩身布置钢筋应力计并对桩身其他截面残余应力进行测试
	H 型钢桩	53.1	0.191	锤击	花岗岩残积土，$SPT-N\geqslant200$	38.2	
	H 型钢桩	55.6	0.191	锤击	花岗岩残积土，$SPT-N\geqslant200$	26.7	
	H 型钢桩	58.8	0.191	锤击	花岗岩残积土，$SPT-N\geqslant200$	28.1	
	H 型钢桩	59.8	0.191	锤击	花岗岩残积土，$SPT-N\geqslant200$	15.8	

续表

参考文献	桩型	桩长 L_p（m）	等效桩径 D_e（m）	沉桩方式	桩端处土层情况	桩端残余应力（MPa）	备注
Liu 等 (2012)[157]	开口 PHC 管桩	19.5	0.414	静压	中密砂质粉土，$SPT-N=14$	1.0	桩端埋设振弦式土压力盒，未对桩身其他断面残余应力进行测试
俞峰等 (2011)[85]	H 型钢桩	25.8	0.171	静压	花岗岩残积土，$SPT-N=186$	51.2	桩身均匀设置振弦弧焊型应变计对桩端及桩身残余应力进行测试
	H 型钢桩	41.4	0.171	静压	花岗岩残积土，$SPT-N=98$	57.2	

Poulos（1987）[68]提出了基于弹性连续体模型的边界元法对桩身残余应力进行预测。该方法指出沉桩过程中产生的桩身残余应力可以用简单边界元模型进行分析，边界元模型可在单桩竖向抗压静载荷试验加载至破坏并卸载至零的过程中建立。

Costa 等（2001）[75]从波动方程理论出发建立了桩身残余应力的动力分析法。该方法以 DINEXP 程序为基础对贯入过程中桩身残余应力进行预测，桩侧残余应力计算公式如式（4.3）所示。

$$\tau_i = \frac{(\sigma_i - \sigma_{i-1})A}{U\Delta l} \tag{4.3}$$

式中　τ_i——单元 i 处桩身残余摩阻力；

σ_i——单元 i 处桩身残余应力；

σ_{i-1}——单元 $i-1$ 处桩身残余应力；

Δl——单元长度；

U——桩身截面周长；

A——桩身截面积。

对于靠近桩端第一个单元桩身残余应力可根据式（4.3）变换得：

$$\tau_i = \frac{(\sigma_i - \sigma_p)A}{U\dfrac{\Delta l}{2}} \tag{4.4}$$

则桩端残余应力：

$$\sigma_p = \sigma_i - \frac{\tau_i U \Delta l}{2A} \tag{4.5}$$

Altaee 等（1992b）[158]采用非线性有限元方法对锤击桩沉桩过程中残余应力进行了数值模拟；张文超（2007）[62]利用有限元软件 ABAQUS 对沉桩结束瞬时卸载后桩身残余应力进行了数值模拟，并就桩土摩擦系数、桩体刚度、桩周土体变形模量和桩径等因素对残余应力影响进行了说明。

Alawneh 等（2001）[78]建议引进桩体弹性系数 η 并在充分总结试验结果基础上给出了桩端残余应力表达式：

$$q_{res} = 13.158\eta^{0.72} \tag{4.6}$$

式中 η——无量纲因子，可按照式（4.7）进行取值。

$$\eta = \left(\frac{L}{B}\right)\left(\frac{A_p}{A}\right)\left(\frac{G_o}{E_p}\right) \tag{4.7}$$

式中 A_p——桩身外径；

A——桩身截面积；

G_o——砂土小应变剪切模量；

E_p——桩体弹性模量。

G_o取值与砂土平均有效应力及砂土相对密度有关。Lo Presti（1987）[159]建议G_o按式（4.8）取值。

$$\frac{G_o}{P_a} = S\exp(cD_r)\left(\frac{\sigma'_c}{P_a}\right)^n \tag{4.8}$$

式中 $P_a = 100\text{kPa}$；$\sigma'_c = K\sigma'_v$；

K——侧向土压力系数；

σ'_v——沿桩体埋置深度的平均竖向有效应力；

D_r——沿桩体埋置深度的平均相对密度；

S——随淤泥含量变化的系数；

c——剪切模量随相对密度指数变化系数；

n——剪切模量随平均有效应力变化指数。

尽管式（4.6）包含了诸多桩端残余应力的影响因素，但按式（4.6）经验关系计算的q_{res}值一般小于3MPa，与实测结果相差较大[85]。

俞峰等（2011）[85]基于桩身残余摩阻力斜直线分布假定给出了桩身残余应力解答，如式（4.9）～式(4.11）所示。

$$\sigma_r = -\frac{\xi_s z^2}{2A_0 Z_{lim}} f_{lim}(0 \leqslant z \leqslant Z_{lim}) \tag{4.9}$$

$$\sigma_r = -\frac{\xi_s(z^2 - 2Z_n z + Z_n Z_{lim})}{2A_0(Z_{lim} - Z_n)} f_{lim}(Z_{lim} \leqslant z \leqslant L_p) \tag{4.10}$$

$$\sigma_r\big|_{z=L_p} = q_{pr} \tag{4.11}$$

式中 σ_r——深度 z 处桩身残余应力；

ξ_s——桩截面周长；

Z_{lim}——与残余摩阻力极值 f_{lim}对应的深度；

A_0——桩身截面积；

L_p——桩长；

q_{pr}——沉桩引起的桩端残余应力。

相比桩身残余应力，桩端残余应力测试更为简单，只需在桩端安装测试元件即可，如张明义（2001）[80]、Liu等（2012）[157]，上述方法显得比较简单。

虽然上述方法一定程度上实现了对桩身残余应力的预测，但是残余应力受众多因素影响，预测效果仍待改进。

4.3　残余应力机理分析

4.3.1　残余应力产生的原因

桩身残余应力的产生与沉桩过程中桩土间荷载传递机理密切相关。为充分了解残余应力产生的机理，将桩体贯入分为如下几个阶段，如图 4.1 所示。

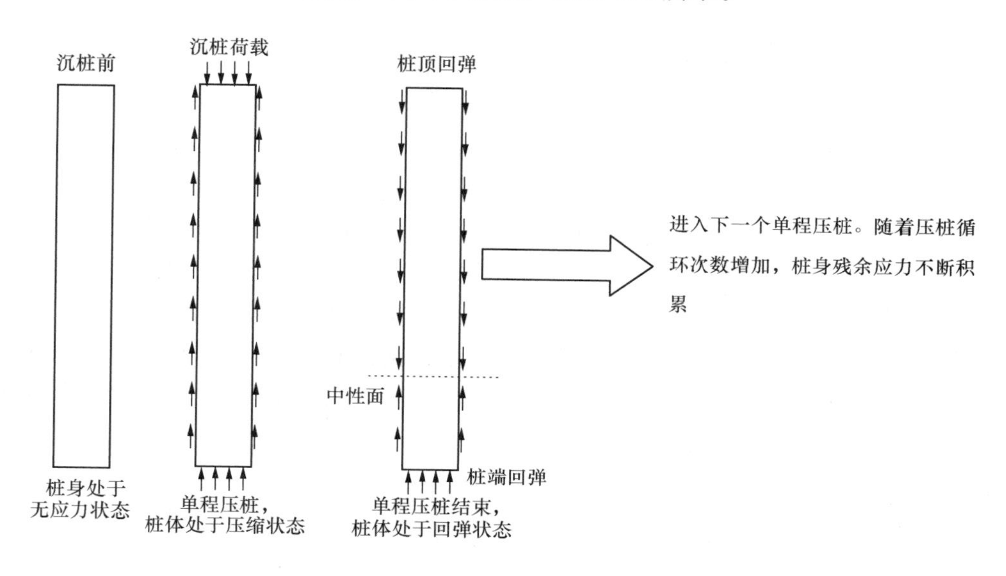

图 4.1　残余应力产生示意图

阶段 1：沉桩前阶段。此阶段单桩就位后桩顶无荷载作用，桩身处于无应力状态，此时桩身应力状态是以后研究残余应力的基础。

阶段 2：单程压桩阶段。此阶段桩体在桩顶荷载作用下连续贯入，桩体处于动态平衡状态。桩侧摩阻力、桩端阻力与桩顶荷载相抵消，方向相反，桩身发生压缩变形。此阶段压缩变形为桩身弹性变形，桩周土体在桩身摩阻力作用下产生方向向下的应力，土体处于塑性变形状态。

阶段 3：桩身回弹阶段。桩顶卸载后，处于弹性压缩阶段的桩体克服桩周土体约束产生回弹，桩周土体约束是残余应力产生的重要原因。桩周土体对桩身约束较强时，桩身回弹量较小，内锁于桩身的残余应力较大；桩周土体对桩身约束较小时，桩身回弹量较大，桩身残余应力较小。回弹时，因沉桩扰动上部土体对桩身约束较小，桩身相对桩周土体产生向上的位移，桩侧摩阻力方向向下。桩身下部因约束较强仍处于压缩状态，桩侧摩阻力方向不发生变化。这势必在桩身存在一点（面），使上部残余摩阻力与下部残余摩阻力相互抵消，这一点（面）称为中性（点）面。中性（点）面的存在是残余应力不同于桩身其他应力的重要特征，也是研究残余应力的基础。

阶段 4：循环压桩阶段。此阶段在循环压桩作用下桩身残余应力不断积累直至沉桩结束。

4.3.2 残余应力对桩基承载力的影响

静压桩沉桩完成后，桩端及桩侧都存在着残余应力。静载荷试验开始前，一般将测试设备调零，这实际上是对桩身残余应力进行了清零处理。常规静载荷试验没有考虑残余应力影响，造成桩侧摩阻力、桩端阻力测试结果与实际情况不符。1984 年，Briaud 和 Tucker[65]在考虑桩身残余应力基础上对桩基设计方法进行了讨论，但是现在几乎全部桩基设计规范未将残余应力考虑在内。如何在考虑施工残余应力情况下将其应用于桩基设计显得尤为重要。

残余应力对桩基承载力的影响可以从单桩抗压载荷试验及单桩抗拔载荷试验两个方面进行讨论。图 4.2 为单桩抗压试验桩身应力示意图。可见，中性面以上桩侧摩阻力与残余应力叠加后，桩侧摩阻力降低；中性面以下桩侧摩阻力与残余应力叠加后，桩侧摩阻力增大，同时桩端阻力增大。对于单桩抗压静载荷试验，如果在分析静载荷试验结果时未考虑残余应力影响，将高估中性面以上桩侧摩阻力，低估中性面以下桩侧摩阻力及桩端阻力。

图 4.3 表示单桩抗拔载荷试验桩身应力分布图。由图可以看出，中性面以上桩侧摩阻力与残余应力叠加后，桩侧摩阻力增加；中性面以下桩侧摩阻力与残余应力叠加后，桩侧摩阻力减小，同时桩端阻力降低。对于单桩抗拔静载荷试验，如果在分析静载荷试验结果时未考虑残余应力影响，将低估中性面以上桩侧摩阻力，高估中性面以下桩侧摩阻力及桩端阻力。

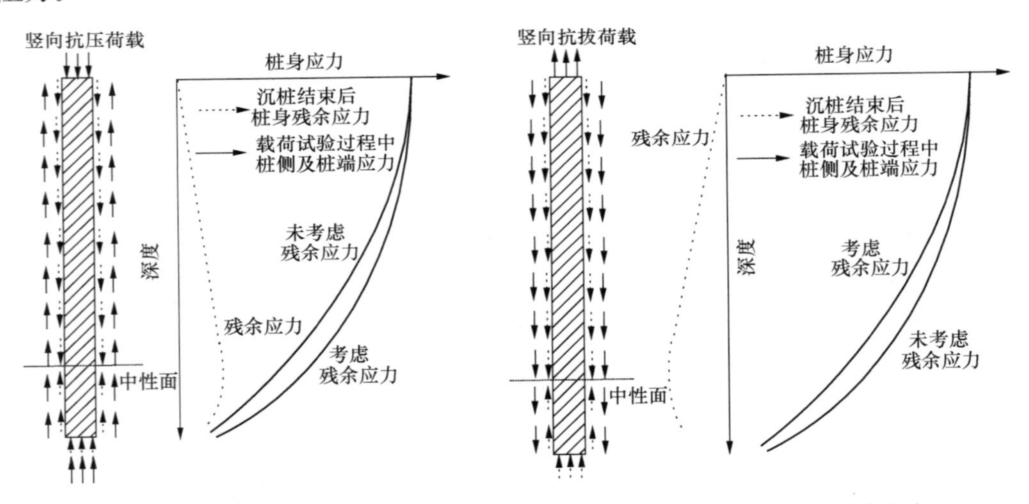

图 4.2 抗压载荷试验桩身应力

图 4.3 抗拔载荷试验桩身应力

桩身残余应力对桩基承载力的影响可以用一点的应力变化状态来表示，如图 4.4 所示[85]。桩周土体应力状态可分为 3 个阶段。阶段 1：沉桩开始前，土体在自重应力作用下平衡，处于初始应力状态；阶段 2：沉桩结束后考虑桩身残余应力的桩周土体应力分布状态；阶段 3：桩顶再次施加荷载时（复打、复压及静载荷试验等），桩周土体真实应力变化状态。以中性面以上一点（A 点）、处于中性面一点（B 点）及中性面以下一点（C 点）为研究对象来说明 3 阶段土体真实应力变化状态。沉桩贯入前（阶段 1），A、B、C 三点均处于初始应力状态，无差别。沉桩过程中，A、B、C 三点土体在横向挤压与纵向压缩作用下，土体应力状态发生不同变化，如阶段 2 所示。当桩顶再次受荷时，各点应力随各自应力路径达到破坏状态，见阶段 3。Kumruzzaman 等（2010）[160]认为，主应力方向偏离竖直方向角度越大，土体极限剪切强度越低。当不考虑残余应力时（常规静载荷试验）认为阶段 2 桩周土体均处于 B 点应力状态，当桩顶受荷时均沿路径 b 达到破坏状态，显然不符合实际情况，此为桩身残余应力对桩基承载力产生影响的内在因素。

沉桩完成桩顶受荷时，考虑残余应力与不考虑残余应力的桩土界面剪切位移有很大不同，如图 4.5 所示。图中虚线、实线分别表示考虑、不考虑残余应力桩土界面剪切特征。AD、EG 分别为考虑残余应力（真实应力状态）的桩土剪切位移及单位侧阻随深度变化曲线；BC、FH 分别为不考虑残余应力（常规静载荷试验）的桩土剪切位移及单位侧阻随深度变化曲线。由图 4.5(b) 可以看出，不考虑残余应力的单桩竖向抗压静载荷试验高估中性面以上桩侧摩阻力，低估中性面以下桩侧摩阻力。

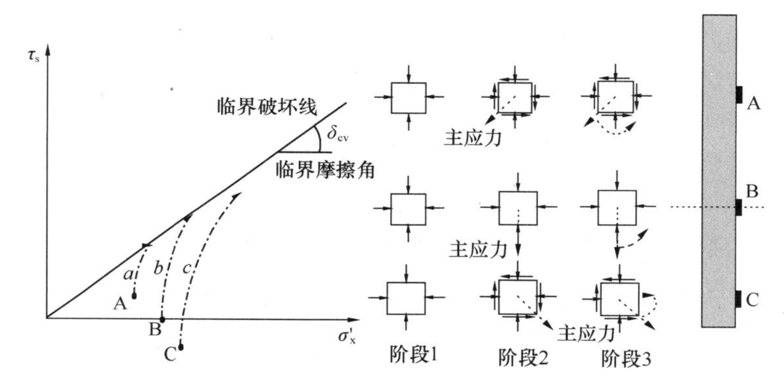

图 4.4　桩周土体真实应力状态（考虑施工残余应力）（俞峰等，2011）

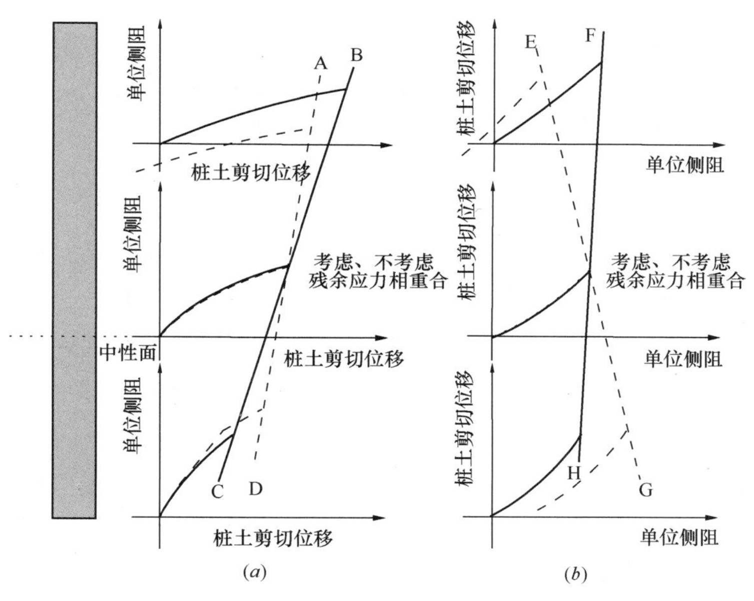

图 4.5　桩身范围内桩顶竖向受压时界面剪切特征示意图

(a) 桩土剪切位移随深度变化；(b) 单位侧阻沿深度变化

4.3.3 残余应力影响因素分析

沉桩过程中施工方法、压桩循环次数、桩型、桩周及桩端土体性状等均对施工残余应力造成一定影响。沉桩完成后桩身残余应力则与桩身荷载历史及土体蠕变效应密切相关。

刘俊伟（2012）[51]通过建立施工全过程能量平衡方程对影响施工残余应力的因素进行了参数分析。认为随着桩长、桩体截面周长、桩土摩擦角及桩端土标贯击数的增大，桩身残余应力逐渐增大；随着桩身弹性模量的增大，残余应力逐渐减小。

沉桩施工方法主要包括静压法施工及锤击法施工，两者重要差别之一在于所施加的压桩循环次数不同。俞峰等（2011）[85]结合试验结果给出了残余负摩阻力（中性面以上残余摩阻力）平均值随施工荷载循环次数变化示意图，见图4.6。可见，中性面以上桩身残余负摩阻力随压桩循环出现逐渐累积的趋势，其机理不难解释。桩体贯入时，入土深度较小，单程压桩结束后，桩身残余应力较小。随着桩体贯入，处于桩身残余负摩阻力的桩长逐渐增大，即处于图4.4 A点处阶段2的土体越来越多，桩身残余负摩阻力得到积累，其在后期循环静载荷试验过程中也发现了类似规律[84]。沉桩完成后，后续的复打、复压及静载荷试验均可看作一次单程压桩，符合上述规律。

沉桩过程中桩侧摩阻力随沉桩循环次数衰退的现象称为侧阻退化现象，其在第2章已作详细介绍。俞峰等（2011）[85]认为，对于某一固定土层处桩身残余应力同样不是一定值，随沉桩循环次数出现衰退的趋势，并结合试验对其进行了验证。刘俊伟等（2012）[86]采用计算模拟的方法对上述观点进行了验证，得出了肯定结论。

沉桩结束后桩基承载力随时间增长的现象称为桩基承载力时效性。很多学者对此进行了研究[11,94,95,161]，沉桩结束后桩身残余应力同样存在时间效应。目前为止国内外关于桩身残余应力时间效应仅Zhang等（2007）[81]及俞峰等（2011）[84]对其进行了报道，但两者结论截然不同。Zhang等（2007）[81]试验发现沉桩完成后数十天内桩身残余应力出现不同程度的增长。俞峰等（2011）[84]观测时间较长，除在沉桩结束后27d时桩身残余应力出现增长外，后期较长静止时间内一直处于衰退状态，并对此作出了解释，认为休止期内桩周土体径向应力的增加是桩身残余应力减小的主要影响因素，并给出了中性点以上桩土界面剪切行为时间效应示意图，如图4.7所示。

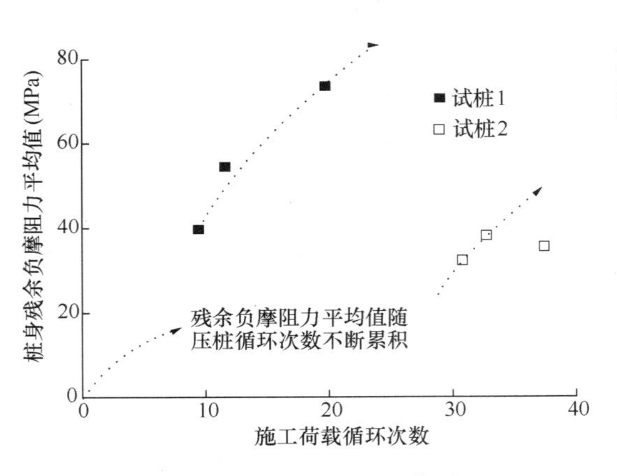

图4.6 残余负摩阻力平均值随施工荷载循环次数变化（俞峰等，2011）

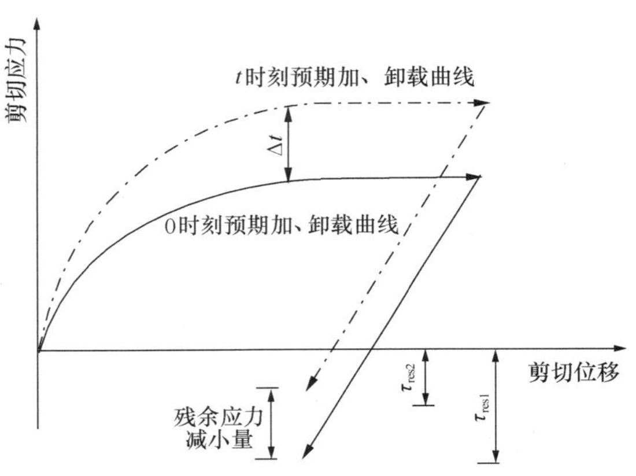

图4.7 中性点以上桩土界面剪切行为时间效应示意图（俞峰等，2011）

4.4　残余应力足尺试验研究

桩身残余应力产生及变化过程非常复杂，有些机理还不是很明确，尤其是桩身残余应力时间效应问题研究较少。施工残余应力研究主要集中于 H 型钢桩及预制混凝土方桩，对高强预应力开口混凝土管桩研究较少，目前为止仅 Liu 一例[157]。本章采用现场原位试验对开口混凝土管桩沉桩过程中施工残余应力、沉桩结束后休止期内残余应力变化及桩身残余应力对静载荷试验结果的影响进行分析，进一步揭示开口 PHC 管桩桩身残余应力内在机理。

4.4.1　试验设置

试验位于杭州富阳，场区工程地质概况如表 2.1 所述。试桩编号分别为 PJ1、PJ2、PJ3、PJ4、PJ5，均为预应力开口混凝土管桩。桩外径为 400mm，壁厚为 75mm。沉桩采用 ZYJ680A 液压式静压桩机，最大压桩行程为 1.8m。PJ1、PJ2 经历 15 次压桩循环后（每一次单程压桩看作一次压桩循环），桩端抵达 $N_{63.5}=17.9$ 的圆砾层，终压力分别为 1210kN、980kN；PJ3、PJ4、PJ5 经历 11 次压桩循环后，桩端抵达 $SPT-N=9.5$ 的粉质黏土层，终止压桩力分别为 760.55kN、790.65kN、527.1kN。PJ1、PJ2 最终埋置桩长为 18m，PJ3、PJ4、PJ5 最终埋置桩长为 13m。

压桩开始前沿桩身预埋准分布式 FBG 光纤传感器，布设间距及方式如图 2.6～图 2.8 所示。试桩间距 4m，大于 4 倍桩径，忽略后续试桩压入对预先压入桩体性状的影响。试验设置时为尽可能全面地研究桩基承载力性状，设计了多阶段试验方案，如图 4.8 所示。以沉桩结束时刻为基准（零时刻），图 4.8 所示静置时间均指与零时刻间隔时间。间隔一定时间后利用静压桩机方便移动的特点对试桩进行复压，以起动压力峰值作为此刻桩广义极限承载力。待压力达到峰值时立即结束复压，避免桩体进入连续贯入状态[11,162]，隔时

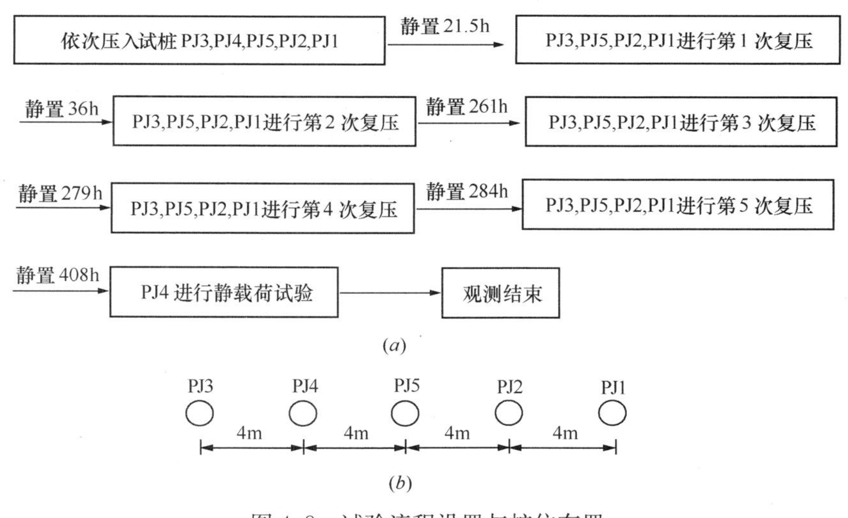

图 4.8　试验流程设置与桩位布置

（*a*）试验设置；（*b*）桩位平面布置图

复压试验可以看作快速载荷试验或者一次单程压桩。试桩 PJ4 静载荷试验采用慢速维持荷载法，桩体达到破坏状态。

4.4.2 试验结果与分析

贯入过程及沉桩结束后试桩桩身残余应力变化可通过预先埋设于桩身的 FBG 光纤传感器进行监测。试桩就位沉桩开始前，记录 FBG 传感器波长，以此为初始读数，然后记录单程压桩结束、压桩力释放后传感器波长，便可求出桩身残余应变，乘以桩身弹性模量即可求得桩身残余应力，结合桩身截面便可求出桩身残余荷载。

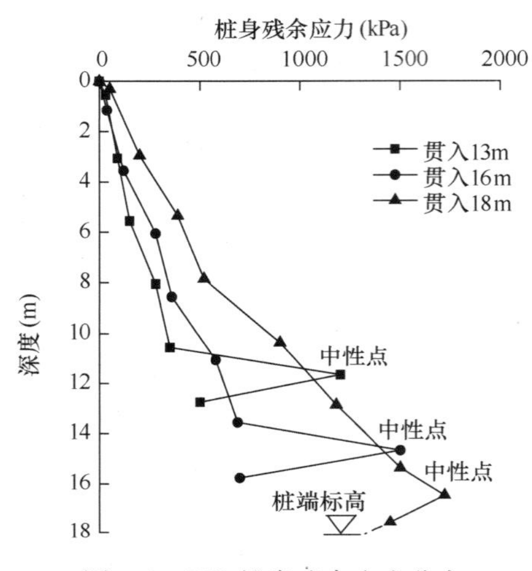

图 4.9　PJ1 桩身残余应力分布

4.4.2.1　沉桩过程中施工残余应力

图 4.9～图 4.13 表示试桩 PJ1、PJ2、PJ3、PJ4、PJ5 贯入过程中桩身残余应力分布曲线。由图可以看出，单程压桩结束、桩顶卸载后桩身残余应力较大，随着桩体进一步贯入，桩身残余应力逐渐增大至最大值，然后逐渐减小至桩端残余应力。桩身残余应力增大速率及沉桩结束后桩端残余应力大小与桩周土及桩端土性状密切相关。图中桩身残余应力均为压应力，没有出现零值或负值，说明桩顶卸载后，桩身始终处于压缩状态，弹性变形未完全恢复。如图 4.2，桩身残余应力最大值出现的位置即为桩身残余应力中性面（点），中性面以上桩身弹性变形较大，桩身相对土体出现向上的位移，残余摩阻力方向向下；中性面以下桩身弹性变形较小，相对桩周土体位移始终向下，残余摩阻力方向向上。因桩身传感器布置较为稀疏，试桩残余应力最大值（中性面）确切位置较难确定，假定桩身传感器最大残余应力量测截面即为桩身残余应力中性面，这种假设虽与桩身实际中性面位置略有偏差，但现有研究成果及本次试验结果验证这种假设是合理的。

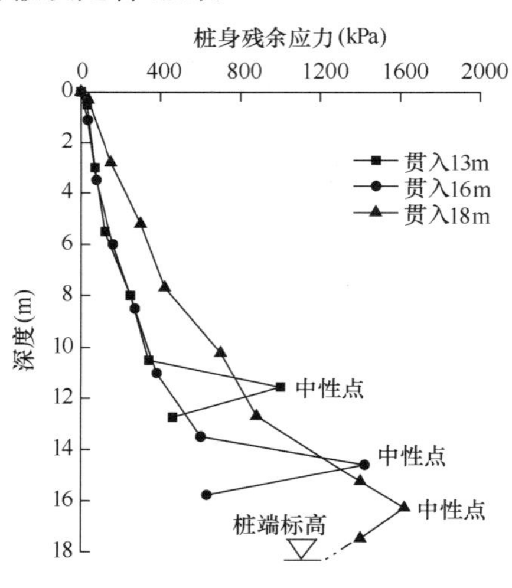

图 4.10　PJ2 桩身残余应力分布

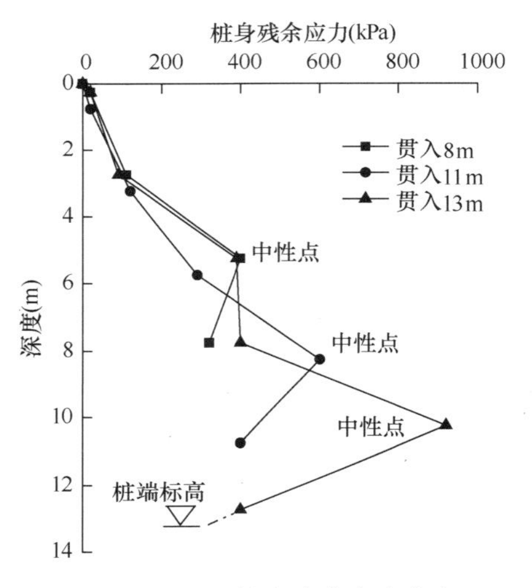

图 4.11　PJ3 桩身残余应力分布

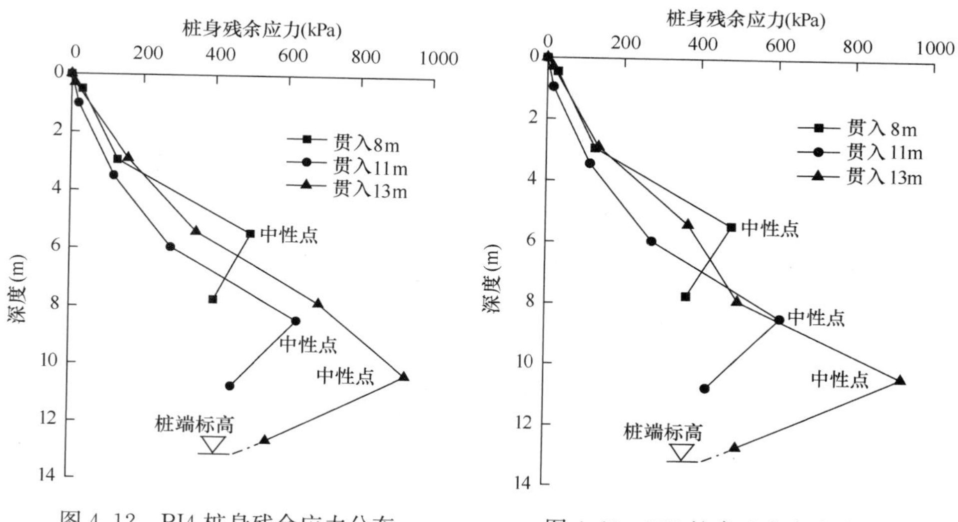

图 4.12　PJ4 桩身残余应力分布　　　　图 4.13　PJ5 桩身残余应力分布

图 4.14 表示桩身残余应力随贯入深度的分布特征，图中横坐标表示无量纲化桩身残余应力，纵坐标表示无量纲化贯入深度。可见，虽然数据点较为离散，但桩身残余应力呈折线型分布，与俞峰等（2011）[85] 静压 H 型钢桩建议采用分布模型一致，说明静压开口 PHC 管桩桩身残余应力同样符合折线型分布，图中折线拐点即为施工残余应力最大值 f_{max}。由图中可以看出，PJ1、PJ2 与 PJ3、PJ4、PJ5 桩身残余应力分布趋势基本一致，其最大不同在于折线斜率及桩端残余应力大小。残余负摩阻力随沉桩循环次数不断积累，此为 PJ1、PJ2 施工残余应力较大的原因。桩端残余应力大小则与桩端持力层性状有关，桩端持力层越密实，桩顶卸荷后对桩端约束越大，则桩端残余应力越大。

图 4.9～图 4.13 显示，随着桩体贯入，桩身中性点位置逐渐向下发展。将中性点位置与桩体贯入深度之间的关系绘制于图 4.15，图中 Z_n 表示中性点深度；L_p 为试桩贯入深度；D_e 为桩身直径（400mm）。可见 Z_n/L_p 值与桩长径比关系不大，与桩基施工方法也不

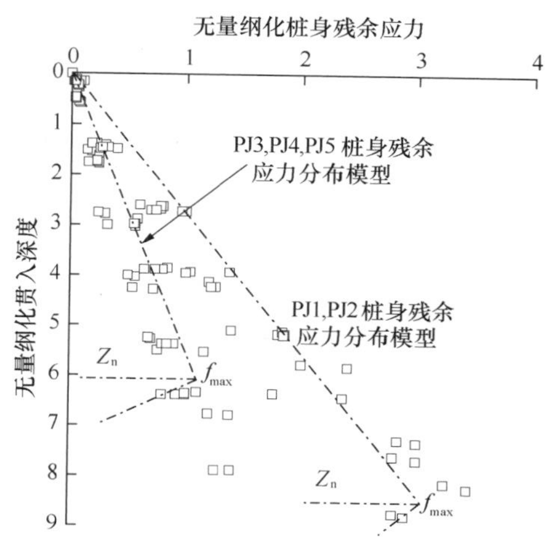

图 4.14　桩身残余应力分布模型

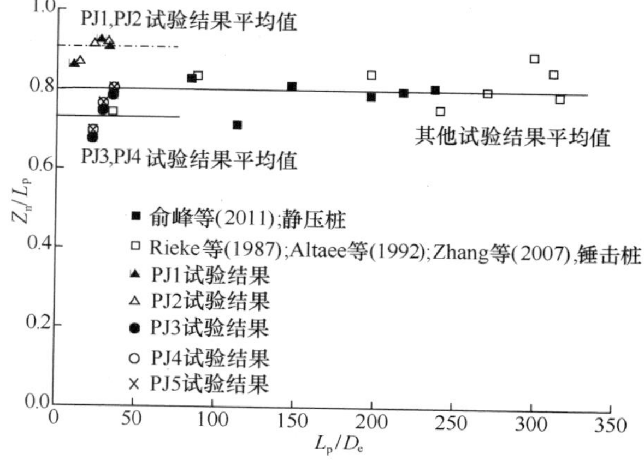

图 4.15　残余摩阻力中性点位置与贯入桩长关系

存在明确关系。对于本次试验而言，Z_n/L_p比值介于0.66～0.92之间，平均值约为0.8。与俞峰等（2011）[85]、Altaee等（1992）[72]及Zhang等（2007）[81]试验结果相比，PJ1、PJ2中性点位置与桩体贯入深度比值略大于平均值，约为0.9；PJ3、PJ4、PJ5中性点位置与桩体贯入深度比值略小于平均值，约为0.74。可见，Z_n/L_p大小与桩周土体性状及桩端性状具有一定关系。对于本次试验，桩周土体性状相近，桩端持力层越密实，中性面以下桩身残余应力及桩端残余应力越大，相应的残余负摩阻力越大，Z_n/L_p比值越大。

受FBG传感器尺寸影响，测量单元不能恰好安装在桩端处，利用桩身残余应力分布曲线可外推获得沉桩完成瞬时桩端残余应力具体数值。为便于比较试桩桩端残余应力结果，连同表4.1部分成果一同列于表4.2中。

各类预制桩桩端残余应力实测值 **表4.2**

参考文献	桩的长径比	桩端处土层情况	桩端残余应力 q_{pr}（MPa）	终止压桩应力（kN）	终止压桩应力 p_j（MPa）	q_{pr}/p_j
O' Neill等(1982)[64]	13	黏性土	—	—	—	—
Rieke等(1987)[67]	18.3	密实砂砾土，偶见卵石	4.6	—	—	—
Altaee等(1992)[72]	11.0	均质砂土，$SPT-N\approx20$	2.8	—	—	—
Altaee等(1993)[126]	15.0	均质砂土，$SPT-N\approx20$	3.2	—	—	—
Paik等(2003)[79]	6.9	密实砾质砂土，$SPT-N\approx27$	2.3	—	—	—
	7.0	密实砾质砂土，$SPT-N\approx27$	1.9	—	—	—
张明义(2001)[80]	13.75	花岗岩残积土，$SPT-N\geqslant200$	4.2	1780	11.14	0.377
Zhang等(2007)[81]	47.3	花岗岩残积土，$SPT-N\geqslant200$	29.8	—	—	—
	53.1	花岗岩残积土，$SPT-N\geqslant200$	38.2	—	—	—
	55.6	花岗岩残积土，$SPT-N\geqslant200$	26.7	—	—	—
	58.8	花岗岩残积土，$SPT-N\geqslant200$	28.1	—	—	—
	59.8	花岗岩残积土，$SPT-N\geqslant200$	15.8	—	—	—
Liu等(2012)[157]	19.5	中密砂质粉土，$SPT-N=14$	1.0	1000	7.43	0.135

续表

参考文献	桩的长径比	桩端处土层情况	桩端残余应力 q_{pr}（MPa）	终止压桩应力（kN）	终止压桩应力 p_j（MPa）	q_{pr}/p_j
俞峰等（2011）[85]	25.8	花岗岩残积土，$SPT-N=186$	51.2	7388	321.70	0.177
	41.4	花岗岩残积土，$SPT-N=98$	57.2	6829	297.35	0.172
本次试验结果	45	圆砾，$N_{63.5}=17.9$	1.38	1210	15.80	0.087
	45	圆砾，$N_{63.5}=17.9$	1.29	980	12.80	0.101
	32.5	粉质黏土，$SPT-N=9.5$	0.34	760.55	9.93	0.033
	32.5	粉质黏土，$SPT-N=9.5$	0.48	790.65	10.32	0.046
	32.5	粉质黏土，$SPT-N=9.5$	0.41	527.1	6.88	0.060

可见，各类预制桩桩端残余应力较为显著。桩端残余应力大小与预制桩长径比关系不大，与桩端持力层性状关系较为密切。桩端持力层越密实，刚度越大，桩顶卸载后对桩端约束越大，桩端残余应力数值越大。比较 Zhang 等（2007）[81]与俞峰等（2011）[85]试验结果可知，在工程地质条件相同的条件下，静压桩桩身残余应力大于锤击桩残余应力，这与 Zhang 等（2007）[81]及 Randolph（2003）[156]研究成果一致。

相比张明义（2001）[80]试验结果，本次试验及 Liu 等（2012）[157]试验桩端残余应力值较小。开口 PHC 管桩贯入过程中容易沿桩身内壁形成土塞，土塞效应是开口管桩区别于其他桩型最主要的施工效应之一[81]。开口 PHC 管桩桩身残余摩阻力可分为内、外壁两部分，尽管传感器安装在更靠近管桩外壁的位置，但它代表的是整个桩身的残余应力，因为数据处理是假定同一桩截面的各点是共同工作的。本次试验及 Liu 等（2012）[157]试验桩贯入过程中土塞效应显著，测试所得桩端残余应力实际为桩身内、外壁残余应力之和，内壁残余摩阻力实际就是土塞残余阻力，而张明义（2001）[80]所用桩型为混凝土实体方桩，贯入过程中无土塞产生，所测桩端残余应力较为客观，桩型成为制约桩端残余应力的最主要因素。

表 4.2 同样给出了静压桩桩端残余应力 q_{pr} 与终止压桩应力 p_j 的比值大小。虽然静压桩桩端残余应力差别较大，终止压桩力各不相同，但 q_{pr}/p_j 却处于同一数量级，说明桩端残余应力与终止压桩力具有一定关系，终止压桩力越大，沉桩结束后桩端残余应力越大。对于本次试验而言，试桩 q_{pr}/p_j 比值小于张明义（2001）[80]、Liu 等（2012）[157]试验结果，笔者认为上述两篇文献都是直接把测量单元放在桩端管壁以下，产生上述差别的原因可能就在于土塞残余应力。俞峰等（2011）[85]认为沉桩速率及静载荷试验过程中桩顶加载速率对桩端残余应力存在较大影响，且两者呈正相关关系。

利用图 4.9～图 4.13 桩身传感器两相邻读数，可推断桩身截面中点处平均残余侧摩阻力分布曲线，如图 4.16～图 4.20 所示。图中残余摩阻力取值以方向向上为正，方向向下为负。可见，中性面以上桩身残余应力为负摩阻力（残余负摩阻力），中性面以下桩身残余应力为正摩阻力（残余正摩阻力），平均值反映了桩侧残余摩阻力的大小。随着桩体进一步贯入，沉桩循环次数逐渐增加，中性面以上残余摩阻力逐渐积累。一次单程压桩可看作是一次荷载循环，沉桩完成桩顶卸载后，残余负摩阻力与残余正摩阻力及桩端残余应力之和相互平衡。

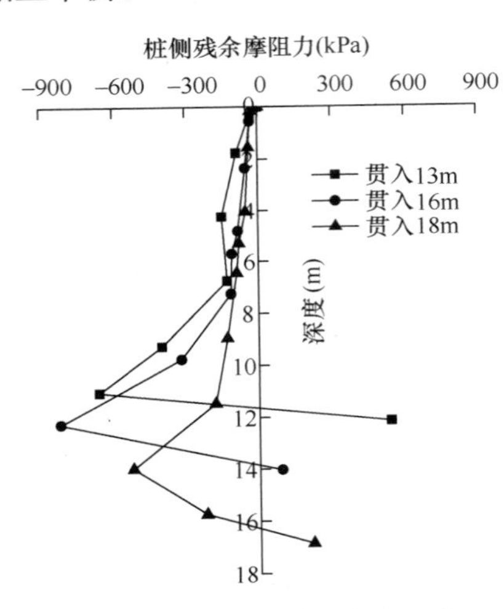

图 4.16　PJ1 桩侧残余摩阻力分布曲线

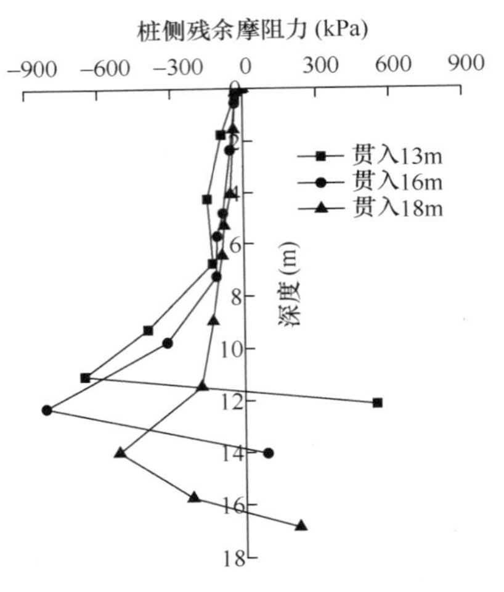

图 4.17　PJ2 桩侧残余摩阻力分布曲线

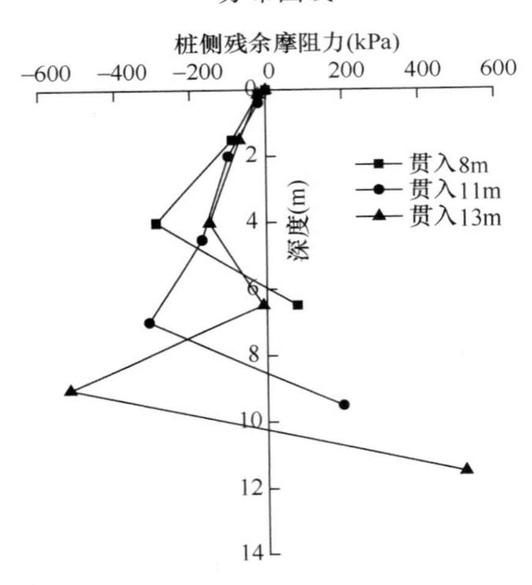

图 4.18　PJ3 桩侧残余摩阻力分布曲线

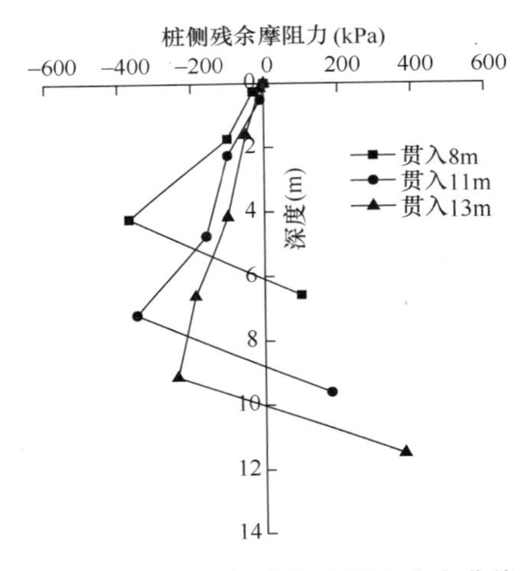

图 4.19　PJ4 桩侧残余摩阻力分布曲线

图 4.21 表示将桩侧残余摩阻力进行无量纲化处理后随贯入深度的变化曲线。为便于比较，同样将 Zhang 等（2009）[83]及俞峰等（2011）[85]试验结果绘于图 4.21 中。由图可以看出，虽然试验数据点较为离散，但体现了开口 PHC 管桩桩身残余摩阻力随贯入深度变化的基本规律：残余负摩阻力随贯入深度向下逐渐增大，于中性面处达到最大值，然后减小至零值，沿桩身下侧正摩阻力逐渐增大至桩端，符合折线型分布模型，与 Alawneh

等（2001）[78]、俞峰等（2011）[85]建议模型桩及 H 型钢桩桩侧残余摩阻力分布模型一致。本次试验贯入桩长下无量纲化残余负摩阻力最大值约为－1.25，大于文献［83，85］试验结果值（约为－1.0），其机理较难解释。笔者认为，其与桩周土性状、桩身材料及桩型具有一定关联，俞峰等（2011）[85]及 Zhang 等（2009）[83]基于花岗岩残积土进行且桩型均为 H 型钢桩。

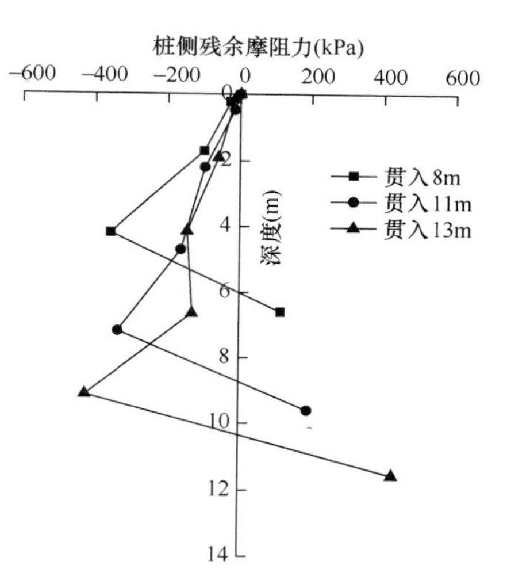

图 4.20 PJ5 桩侧残余摩阻力分布曲线

4.2.2.2 沉桩荷载循环对施工残余应力影响

预制桩施工方法（静压、锤击）对桩基施工残余应力具有重要影响[86]，两者最大差别在于所施加沉桩荷载循环次数不同，一般而言锤击法施工所施加沉桩荷载循环次数要大于静压法施工。由图 4.21 可以看出，中性面以上桩侧残余负摩阻力随沉桩循环次数增加逐渐积累，于中性面处达到最大值。以中性面以上平均残余负摩阻力为研究对象，绘制单桩循环次数与桩身残余负摩阻力关系，如图 4.22 所示。由图可以看出，随着压桩循环次数增加，试桩 PJ1、PJ2、PJ3、PJ4、PJ5 桩身残余负摩阻力平均值增长幅度分别为 41.25％、30％、17％、2％、15.14％。总体来看，桩侧残余负摩阻力平均值随压桩循环次数有逐渐增大的趋势，经历较多沉桩循环的试桩 PJ1、PJ2 增长幅度更为显著，与桩型及桩侧土性状无关，与俞峰等（2011）[85]观测结果类似。

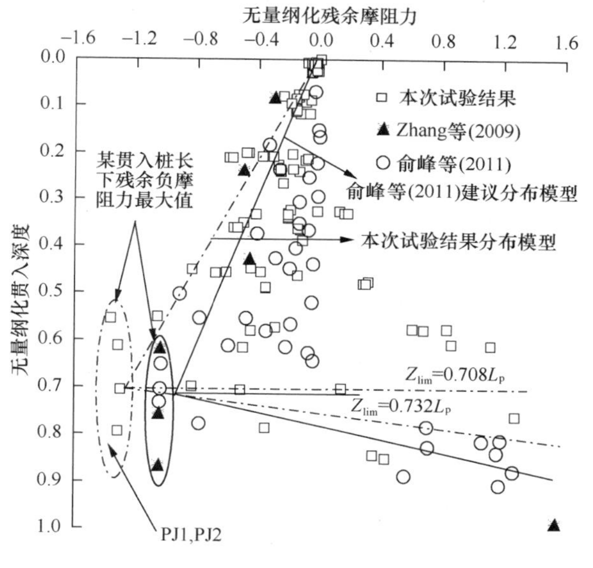

图 4.21 静压桩残余摩阻力无量纲化分布曲线

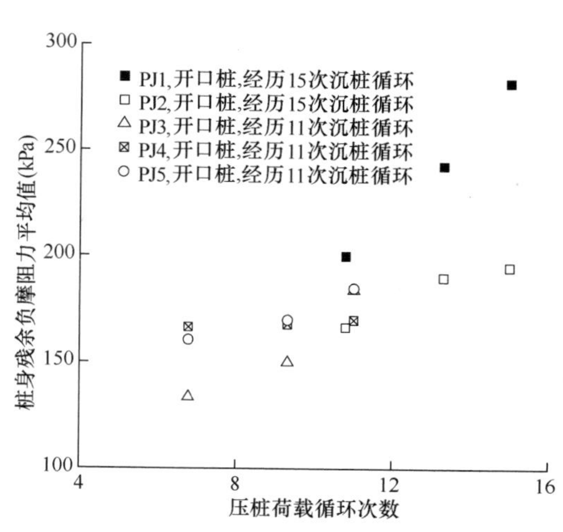

图 4.22 残余负摩阻力平均值随压循环次数的变化

以桩侧某一固定深度处土体为研究对象，观测桩身残余应力随沉桩循环次数的变化情

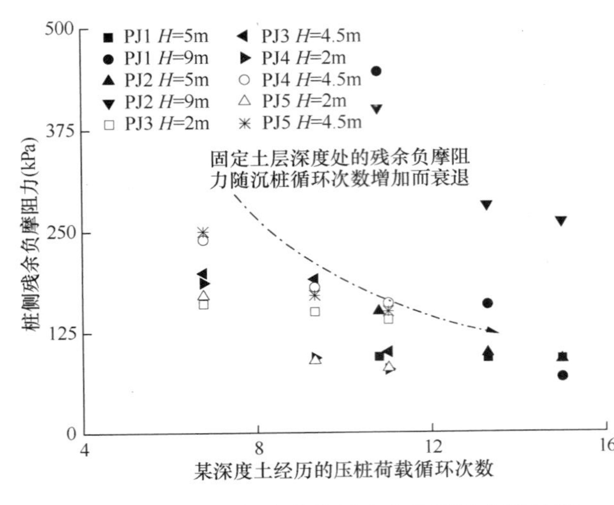

图 4.23　某固定深度处桩侧残余负摩阻力随压桩循环次数的变化

况。图 4.23 表示某固定深度处桩侧残余负摩阻力随压桩循环次数变化情况。由图可以看出，随着压桩循环次数增加，某固定深度处桩侧残余负摩阻力不断减小，经历 5 次压桩循环后，PJ1、PJ2 在 5m 处土层残余负摩阻力降低幅度分别为 3.2%、40%；PJ3、PJ4、PJ5 在 2m 处土层残余负摩阻力降低幅度分别为 12.5%、58.1%、52.9%；PJ3、PJ4、PJ5 在 4.5m 处土层残余负摩阻力降低幅度分别为 49.5%、33.3%、40%，降低幅度显著。可以从此方面解释锤击桩施工残余应力小于静压桩施工残余应力的现象，某固定土层处静压法施工经历的循环次数小于锤击法施工经历的循环次数。俞峰等(2011)[85]认为此现象与沉桩过程中桩侧摩阻力退化机理一致，两者之间存在相互关联关系，并给出了两者随桩土界面剪切行为的变化趋势，如图 4.24 所示。分析可知，随着沉桩循环次数增加，桩侧摩阻力逐渐减小，桩侧残余摩阻力表现出同样的趋势，两者变化速率差别较大。静压桩桩侧摩阻力退化效应导致了桩侧残余摩阻力随沉桩循环次数的减小。Fakharian 等 (1997)[136]研究表明，桩土界面剪切带残余位移随沉桩循环次数的增加逐渐积累，此为造成上述两者随沉桩循环次数变化速率不一致的原因。

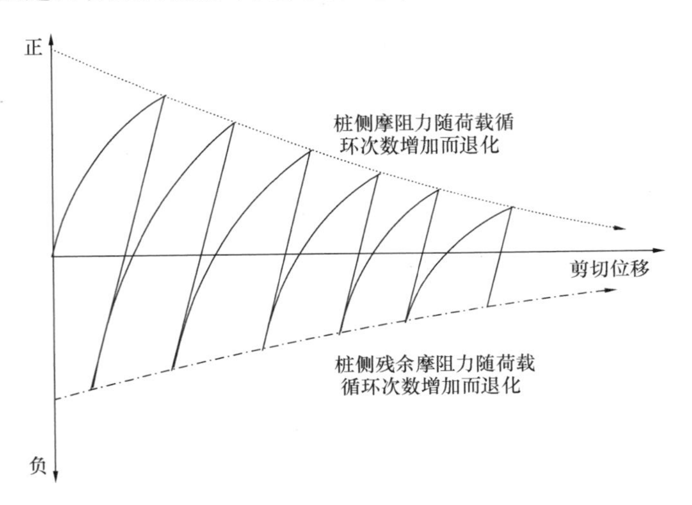

图 4.24　沉桩过程中桩-土界面剪切行为示意图（俞峰等，2011）

4.4.2.3　施工残余应力对桩基承载力的影响

沉桩结束 408h 后对试桩 PJ4 进行了单桩竖向抗压静载荷试验。试验采用慢速维持荷载法，加载量为 1200kN 时桩体破坏，此时桩顶总沉降量为 45.8mm，卸载后桩顶残余沉降量为 7.2mm，桩顶回弹率为 84.3%。图 4.25、图 4.26 分别表示 PJ4 达到最大加载量时桩身应力及单位侧摩阻力分布曲线，其中侧摩阻力根据相邻 FBG 传感器截面处轴力差获得。以载荷试验开始前桩身预埋 FBG 传感器读数为初始读数可获得不考虑残余应力的桩身应力及桩侧摩阻力分布曲线，体现的是桩顶荷载对试桩的直接响应。

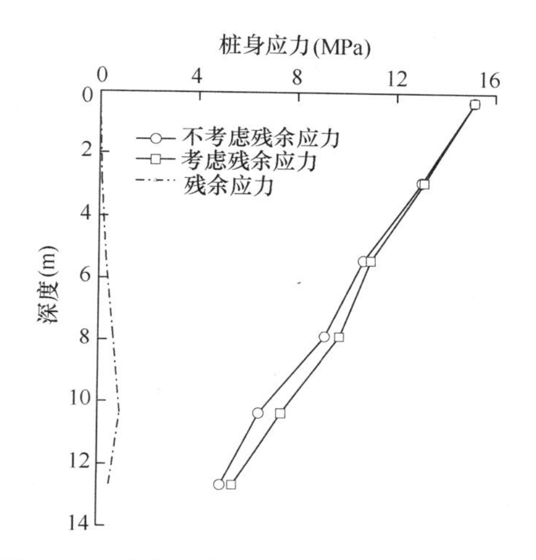

图 4.25　残余应力对桩身应力传递性状影响

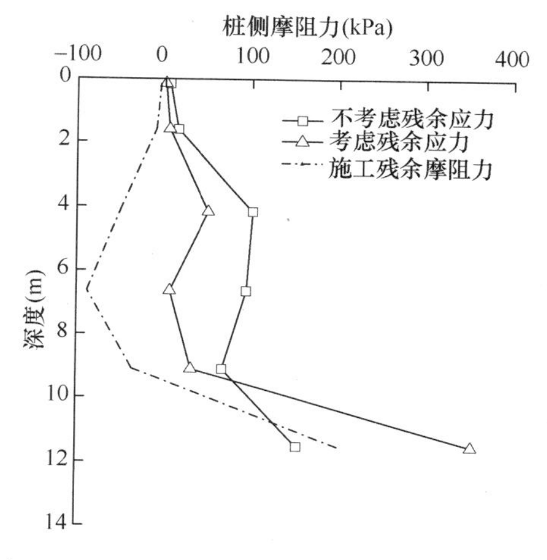

图 4.26　残余应力对桩侧摩阻力传递性状影响

如果以沉桩开始前，桩身预埋 FBG 传感器读数为初始读数，则可获得考虑残余应力的桩身应力分布曲线。它反映的是试桩受荷作用下桩身实际受力情况，这是常规静载荷试验无法获取的。由图可见，桩身残余应力的存在对桩身受力影响较大，不考虑桩身残余应力试桩表现出典型的摩擦桩性状，考虑残余应力后桩身中性面以下及桩端所承担桩顶荷载比例增大，忽略桩身残余应力将高估中性面以上桩侧摩阻力约 53.46%，低估中性面以下桩侧摩阻力约 56.62%，低估桩端阻力约 10%。

图 4.27 表示 PJ4 静载荷试验过程中考虑、不考虑桩端残余应力桩端土压缩曲线。图中虚线表示桩端土变形全过程，ab 曲线表示沉桩结束后桩端土压缩，bc 表示沉桩结束瞬时桩端土回弹过程。静载荷试验过程中，桩端土实际性状为沿着曲线 cf 不断变化直至破坏。忽略桩端残余应力的常规静载荷试验认为桩顶卸荷后桩端沿着 bd 发生完全回弹，当桩顶再次受荷时（静载荷试验、隔时复压试验），桩端土沿着 de 曲线破坏。考虑桩端残余应力时，桩端土性状沿着曲线 $abcf$ 变化；不考虑桩端残余应力桩端土变化轨迹则为 $abde$。图中显示，桩端土应力-应变关系受桩端残余应力影响较大，与沉桩施工应力历史关系密切。俞峰等（2011）[85]认为受尺寸效应影响，足尺桩桩端土压缩性状与模型桩性

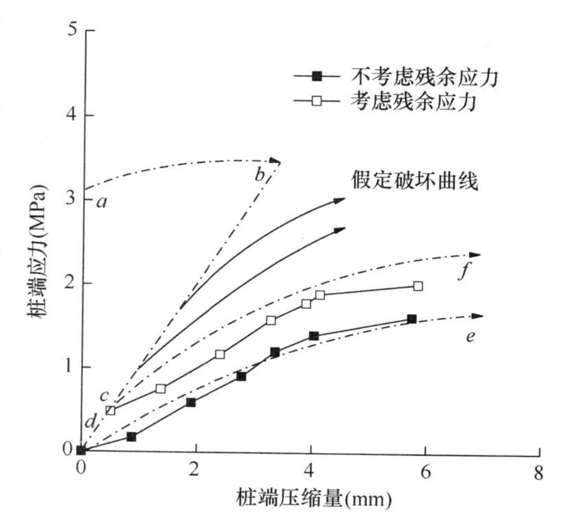

图 4.27　桩顶受荷时桩端压缩特征

状差别较大，不能将模型桩桩端土压缩性质直接应用于足尺桩，且在计算桩端沉降量时要充分考虑桩端残余应力的影响，否则会造成计算误差。

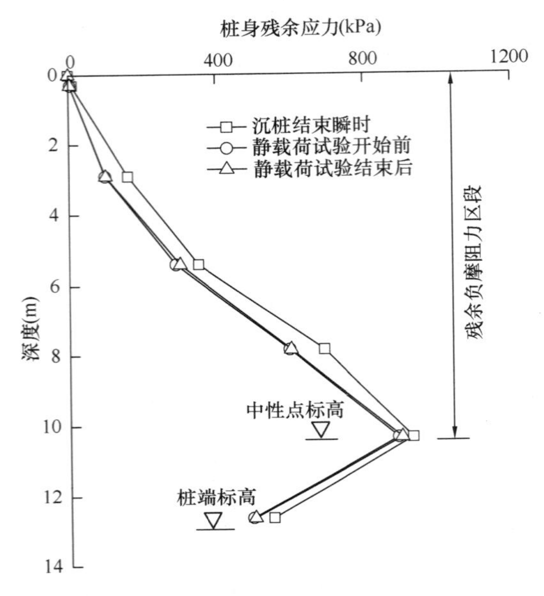

图 4.28 PJ4 休止期内桩身残余应力变化

4.4.2.4 桩身残余应力时间效应分析

图 4.28 表示 PJ4 沉桩结束后休止期内桩身残余应力变化。相比沉桩结束瞬时桩身残余应力，静载荷试验开始前桩身残余应力降低。静载荷试验结束后，相比静载荷试验开始前桩身残余应力呈现小幅度增加，但整体变化趋势是降低的。以中性面处桩身残余应力为例（$Z_n=10.35$m），沉桩结束、载荷试验开始前、后桩身残余应力分别为 0.93MPa，0.89MPa，0.90MPa。载荷试验开始前、后桩身残余应力增长 1.0%，休止期内残余应力降低幅度为 3.2%，此现象与沉桩过程中桩身残余应力变化规律并不矛盾。沉桩全过程相对于桩体而言属循环加载，桩身残余应力随着沉桩循环次数增加逐渐积累，但静载荷试验相当于单程慢速压桩，增大的桩身残余应力响应得不到积累，增幅不显著。俞峰等(2011)[85]通过循环载荷试验发现，随着循环次数增加，桩身残余应力呈小幅增加，与沉桩过程中桩身残余应力变化趋势一致。

以沉桩开始前桩身 FBG 传感器读数为初始读数，可得沉桩结束瞬时及隔时复压开始前、后桩身残余应力变化趋势，如图 4.29～图 4.32 所示。隔时复压试验以肉眼观察到的

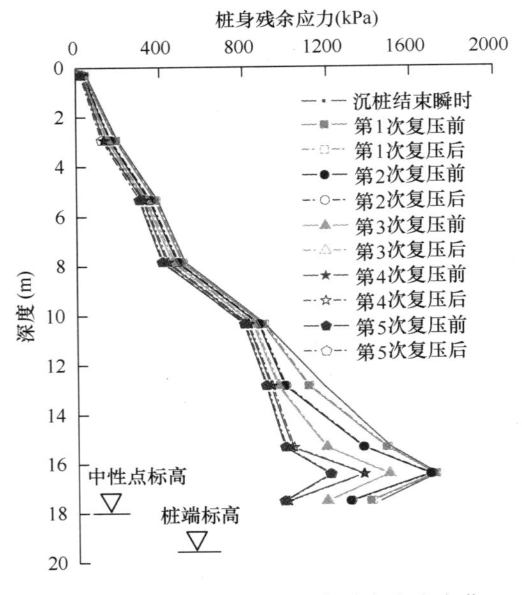

图 4.29 PJ1 休止期内桩身残余应力变化

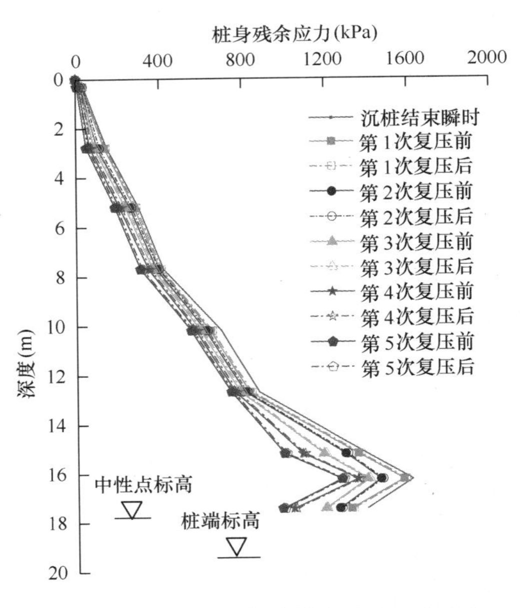

图 4.30 PJ2 休止期内桩身残余应力变化

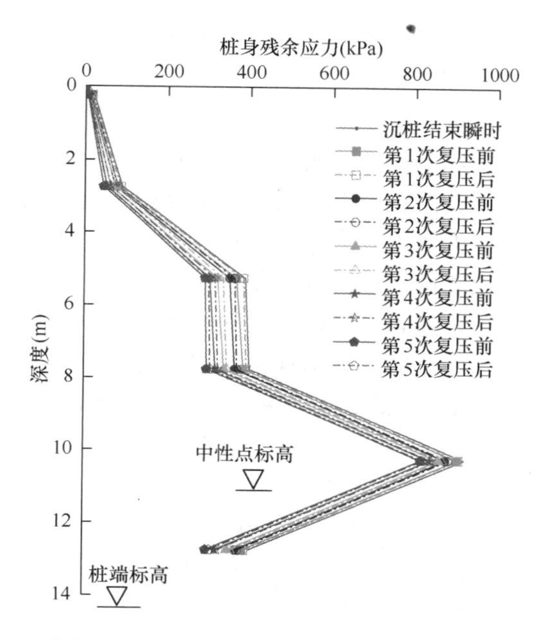

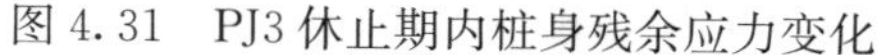

图 4.31　PJ3 休止期内桩身残余应力变化

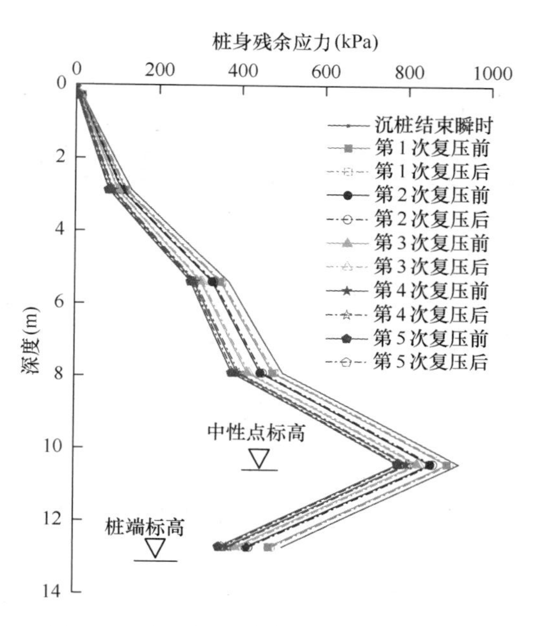

图 4.32　PJ5 休止期内桩身残余应力变化

桩机压力表最大压力峰值作为此刻单桩承载力极限值，待达到最大压力峰值后立即停止复压，防止单桩进入稳态贯入状态，相当于单次快速静载荷试验，最初由张明义提出并将其应用于桩基承载力时效性研究中[80]。与休止期内 PJ4 桩身残余应力变化趋势一致，PJ1、PJ2、PJ3、PJ5 桩身残余应力出现一定幅度降低，且复压试验对桩身残余应力变化影响不显著。以各试桩中性面处桩身残余应力为研究对象，残余应力变化情况如表 4.3 所示。PJ1、PJ2、PJ3、PJ5 沉桩结束瞬时中性面处施工残余应力分别为 1.72MPa，1.62MPa，0.92MPa，0.93MPa，沉桩结束 284h 后变化为 1.21MPa，1.28MPa，0.82MPa，0.78MPa，变化幅度分别为 29.88%，21.10%，11.30%，15.78%，降幅显著。表中给出的桩身残余应力值均为隔时复压前测得，计算所得降低幅度没有考虑复压对残余应力变化的影响。

试桩中性面处桩身残余应力变化情况　　**表 4.3**

试桩编号 ＼ 间隔时间（h）		0	21.5	39	261	279	284
PJ1	大小（MPa）	1.72	1.71	1.69	1.49	1.37	1.21
	降低幅度（%）	0	0.64	1.92	13.43	20.52	29.88
PJ2	大小（MPa）	1.62	1.58	1.47	1.40	1.36	1.28
	降低幅度（%）	0	2.59	9.44	13.46	16.23	21.10
PJ3	大小（MPa）	0.92	0.90	0.88	0.86	0.84	0.82
	降低幅度（%）	0	1.7	4.78	6.63	8.96	11.30
PJ5	大小（MPa）	0.93	0.90	0.86	0.83	0.80	0.78
	降低幅度（%）	0	3.03	7.35	10.81	13.62	15.78

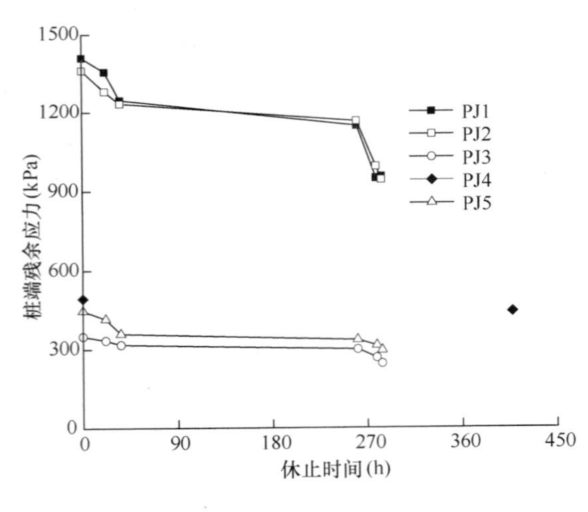

图 4.33　休止期内桩端残余应力变化

利用线性外推法可获得休止期内试桩桩端残余应力随沉桩时间的变化规律，如图 4.33 所示。隔时复压过程较短，单程压桩循环对桩身残余应力影响不大，图中以隔时复压试验前桩身残余应力作为复压时刻桩身残余应力，未体现复压过程对桩身残余应力的影响。可见，随着沉桩休止时间的增加，试桩桩端残余应力均出现不同程度的降低，其中 PJ1、PJ2 桩端残余应力降低较大，降低幅度分别为 32.39%、30.91%；PJ3、PJ4、PJ5 桩端残余应力降幅较小，分别为 29.57%、10.78%、28.86%，此现象可从土体弹塑性变形角度去解释。PJ1、PJ2 桩端位于圆砾层，圆砾层性状与砂土类似，圆砾（砂土）的蠕变效应使得桩端土产生向下的位移，桩端土相对桩下沉，相当于桩端回弹，桩端残余应力产生较大幅度的降低。

4.5　本章小结

本章在分析总结桩身残余应力机理基础上，利用现场足尺试验对桩身预埋 FBG 光纤传感器的高强预应力开口混凝土管桩贯入成层土地基中桩身残余应力性状、残余应力对桩基承载力影响及休止期内桩身残余应力的发展变化情况进行分析，得出了如下结论：

（1）施工残余应力性状与沉桩过程中桩土间荷载传递机理密切相关。桩顶荷载卸除后，桩身克服桩周土约束产生回弹，桩土体系达到平衡后内锁于桩身的力构成了施工残余应力。施工残余应力性状与桩型及桩周土性状密切相关，且随沉桩循环次数的增加不断积累，中性面的存在是研究施工残余应力的重要基础。

（2）随着桩体的贯入，施工残余应力逐渐增大，于中性面处到达峰值。试验表明，中性点位置 Z_n 与桩体贯入深度 L_p 比值 Z_n/L_p 与桩长径比及施工方法关系不大，比值介于 0.66～0.92 之间，平均值约为 0.8。贯入过程中开口 PHC 管桩桩身残余应力与桩侧残余摩阻力沿桩身分布可采用折线型假定计算取值，与 H 型钢桩一致。

（3）沉桩结束后桩端残余应力较为显著，与桩端持力层性状及终止压桩力密切相关。桩端持力层越密实，刚度越大，桩端卸载后对桩端约束越大，桩端残余应力越大。各预制桩（方桩，H 型桩，PHC 管桩）沉桩结束后桩端残余应力差别较大，但桩端残余应力与终止压桩应力比值处于同一数量级，终止压桩力越大，沉桩结束后桩端残余应力越大。

（4）施工方法对预制桩施工残余应力具有重要影响。试桩中性面以上桩身残余负摩阻力随沉桩循环次数逐渐增大，增长幅度分别为 41.25%、30%、17%、2%、15.14%；受沉桩过程中桩侧摩阻力退化效应影响，某固定深度土层处桩侧残余负摩阻力随沉桩循环次数有退化的趋势，降低幅度介于 3.2%～58.1%之间，此为锤击法施工残余应力小于静压施工法的内因。

（5）预制桩施工残余应力对桩基承载力具有重要影响。沉桩结束后试桩静载荷试验表明，忽略施工残余应力将高估中性面以上桩侧摩阻力 53.46%，低估中性面以下桩侧摩阻力 56.62%及桩端阻力 10%。

（6）休止期内施工残余应力在桩土体系相互平衡过程中趋于一稳定值。沉桩 284h 后试桩中性面处残余应力降低幅度分别为 29.88%，21.10%，11.30%，3.2%，15.78%，桩端残余应力降低幅度介于 10.78%～32.39%之间，变化幅度显著。休止期内桩周土体径向应力增加使桩土相对位移逐渐减小直至新的平衡状态，此为桩身残余应力减小的主要影响因素。

第 5 章　静压桩承载力时效性理论分析及试验研究

5.1　引言

沉桩结束后，桩基承载力随时间变化的现象称为“承载力时效性”，这种现象首先由Wendel在其文献中提到，包括桩基承载力降低（relaxation）及提高（set-up）两种情况。桩基承载力随沉桩时间降低的现象不常见，主要是由于沉桩结束后桩周土应力释放产生，如桩间距非常小、饱和密实粉砂中沉桩、软弱沉积土及变质岩中沉桩情况，仅有不多学者发现了这种现象，如 Long 等（1999）[94]，Svinkin 等（1996）[163]，Svinkin 等（2002）[164]，Titi 和 Wathugala（1999）[165]，Yang 等（1956）[166]，Yang（1970）[130]，Thompson 等（1985）[96]，York 等（1994）[97]，Hannigan 等（1997）[167]。本章研究的时间效应均为桩基承载力随时间增长的现象（set-up）。

桩基承载力时间效应在细颗粒土体中较为显著[132]。Titi 和 Wathugala（1999）[165]研究表明，细颗粒土地基中相比沉桩结束后初始值，桩基承载力增长高达 12 倍。桩基承载力增长速率及程度受众多因素影响，其内在机理不是很清晰[168]。考虑桩基承载力时间效应，可以优化桩基设计，包括减少桩长、减小桩体截面、优选沉桩设备等，能够节约施工成本，缩短工期，具有一定工程实用价值。

5.2　国内外研究成果汇总

国内外学者试图对桩基承载力时间效应给出定量判断，利用公式来预测桩基承载力增长。图 5.1 汇总了国内外桩基承载力时效性研究部分数据。图中横坐标为 $\log(t/t_0)$，其中 t_0 为初次确定桩基承载力的时间，纵坐标为 Q_t/Q_0，Q_t 为 t 时刻桩基承载力，Q_0 为 t_0 时刻桩基承载力。由图可以看出，虽然数据点比较离散，Q_t/Q_0 与 $\log(t/t_0)$ 呈线性关系增长，Q_t/Q_0 基本上处于每对数循环 15％～65％之间。表 5.1 汇总了国内外预测桩基承载力增长的公式，其中以 Skov & Denver（1988）[95]提出的对数型公式得到广泛认可。

桩基承载力经验公式汇总　　　　**表 5.1**

公式编号	公　式	土体类型	参考文献
(5.1)	$Q_t/Q_0=1+A[\log(t/t_0)]$；其中 Q_t 为沉桩结束后 t 时刻单桩承载力；Q_0 为沉桩结束后 t_0 时刻单桩承载力；A 为时效性系数；t_0 为沉桩结束后初次测试时间；砂土中，$A=0.2$，$t_0=0.5$；黏性土中，$A=0.6$，$t_0=1.0$	砂土和黏性土	Skov & Denver (1988)[95]
(5.2)	$Q_t=Q_{EOD}+0.236[1+\log(t)(Q_{max}-Q_{EOD})]$；其中 Q_t 为沉桩结束后 t 时刻单桩承载力；Q_{EOD} 为沉桩结束时刻桩基承载力；Q_{max} 为桩基承载力最大值	上海软土地基	Huang (1988)[169]

续表

公式编号	公　式	土体类型	参考文献
(5.3)	$Q_{14}=(0.375S_t+1)Q_{EOD}$；其中 Q_{14} 为沉桩结束 14d 时桩基承载力；S_t 为土体灵敏度系数	软土	Guang-Yu (1988)[170]
(5.4)	$Q_t=Q_u[0.2+(t/T_{50})/(1+t/T_{50})]$；其中，$Q_t$ 为沉桩结束后 t 时刻桩基承载力；Q_u 为桩基承载力处于稳定状态的值；T_{50} 为桩基承载力增长 50% 所需的时间	黏土	Bogard & Matlock (1990)[171]
(5.5)	$Q_t=1.4Q_{EOD}t^{0.1}$；Q_t 为沉桩结束后 t 时刻单桩承载力；Q_{EOD} 为沉桩结束时刻桩基承载力；此公式为沉桩结束后 t 时刻单桩承载力上限；$Q_t=1.025Q_{EOD}t^{0.1}$ 为沉桩结束后 t 时刻单桩承载力下限	砂土	Svinkin 等 (1996)[163]
(5.6)	$Q_t=1.1Q_{EOD}t^{0.13}$；Q_t 为沉桩结束后 t 时刻单桩承载力；Q_{EOD} 为沉桩结束时刻桩基承载力；此公式为沉桩结束后 t 时刻单桩承载力上限；$Q_t=1.1Q_{EOD}t^{0.05}$ 为沉桩结束后 t 时刻单桩承载力下限	砂土和黏性土	Long 等 (1999)[94]
(5.7)	$R_u(t)/R_{EOD}-1=B[\log_{10}(t)+1]$；$R_u(t)$ 为沉桩结束后 t 时刻单桩承载力；R_{EOD} 为沉桩结束时刻桩基承载力；B 为时间效应系数，类似于公式 (5.1) 中 A	砂土和黏性土	Svinkin & Skov (2000)[161]
(5.8)	$q_{sk}=q_{sk0}+1.8\times35^{(1-0.35/t)}t^{0.08}$；其中 q_{sk} 为沉桩结束后 t 时刻桩侧单位摩阻力；q_{sk0} 为沉桩结束时刻桩侧单位摩阻力	饱和黏性土	陈书申 (2001)[172]
(5.9)	$P_{ut}=[a\ln(t)+b]P_{u0}+P_{u0}$；其中 P_{ut} 为沉桩结束后 t 时刻单桩极限承载力；P_{u0} 为沉桩结束时刻单桩极限承载力	黏性土	胡琦等 (2006)[173]
(5.10)	$q_t=q_0[0.3\log(t)+2.8]$；其中 q_t 为沉桩结束后 t 时刻单位桩侧摩阻力；q_0 为沉桩结束时刻单位桩侧摩阻力	软土地基	张明义等 (2009)[11]
(5.11)	$Q_{ut}=Q_{u0}(1+t/(at+b))$；其中 Q_{ut} 为沉桩结束后 t 时刻单桩极限承载力；Q_{u0} 为沉桩结束时刻单桩极限承载力	饱和黏性土	桩基工程手册[174]

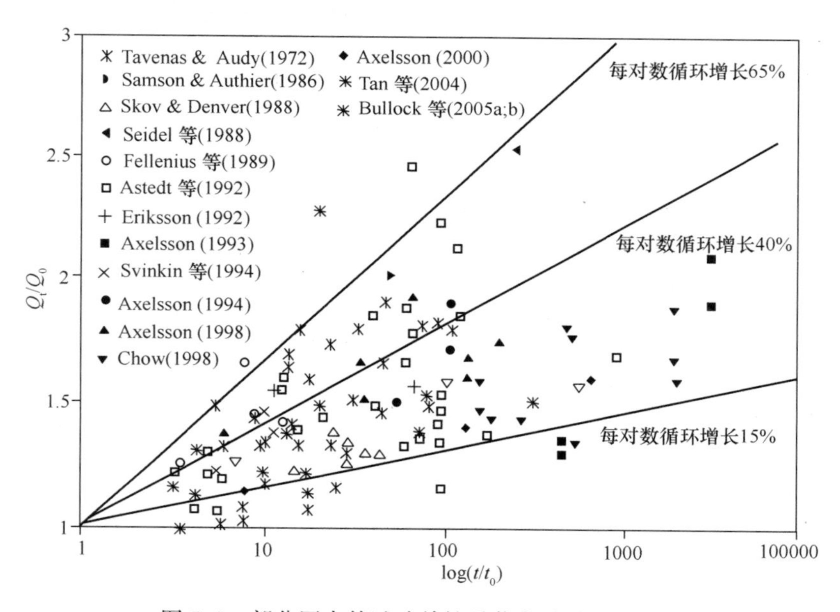

图 5.1　部分国内外试验单桩承载力随时间的变化

5.3 静压桩时效性机理分析

5.3.1 时效性机理分析

静压桩沉桩过程中，桩周土体受到强烈挤压，桩端以下土体向下扩散。Randolph 等 (1979)[135]研究表明，静压桩贯入黏性土地基时能够影响桩周 $10D$（D 为桩径）范围内土体应力。Yang（1970)[130]认为沉桩完成后，黏性土地基中 $0.5D$ 范围内土体完全重塑，$1.5D$ 范围内土体明显受挤压。桩体贯入过程中桩周土体受挤压的现象与桩型无关，闭口桩、开口桩（土塞效应）及 H 型桩均会产生[129]。沉桩过程中桩周土体受到挤压导致超孔隙水压力的产生及土体有效应力降低，孔隙水压力的增长与桩土埋深无关，且 1 倍桩径范围内产生的孔隙水压力大于上覆土体压力[132,134−135]。Pestana 等（2002)[134]研究表明，某点处孔隙水压力消散程度与其距桩表面距离的平方成反比，孔隙水压力消散时间与其距桩表面距离的平方成正比[175]，与桩周土水平固结系数成反比[132]。一般而言，大直径桩时间效应持续时间比小直径桩要长[94,176]。群桩孔隙水压力消散速度小于单桩孔隙水压力消散[177,178]。伴随着孔隙水压力消散，扰动土体有效应力增加，桩周土体剪切强度提高，桩基承载力提高。

孔隙水压力的产生及消散主要发生于桩体侧面，因此桩基承载力时间效应主要取决于桩侧摩阻力的增长[179~181]。桩基承载力时间效应充分发挥后，众多学者认为桩体破坏发生于桩土分界面处，如 Seed 和 Reese（1995)[182]，Randolph 等（1979)[135]，也有部分学者认为桩体破坏发生于桩周土体重塑区，如 Karlsrud 和 Haugen（1985)[131]，Tomlinson (1971)[183]，Yang（1956)[166]等。Wardle 等（1992)[184]认为桩体在工作荷载作用下时间效应不明显。

Komurka 等（2003)[129]在前人研究基础上，将桩基承载力时间效应增长划分为三个阶段，如图 5.2 所示，下面分别对其进行阐述。

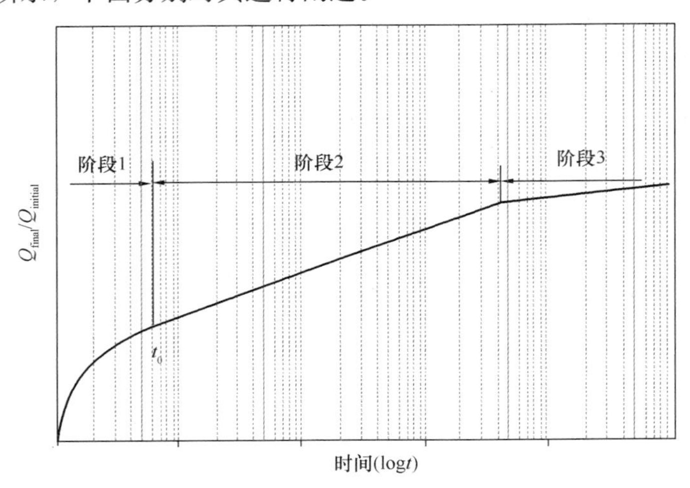

图 5.2 桩基承载力增长理想模型（Komurka 等，2003）

阶段1：超孔隙水压力随时间对数呈非线性消散。此阶段超孔隙水压力消散速度不是一定值，同时扰动土体经历竖向及水平有效应力增加、固结、强度恢复等过程，造成了此阶段桩基承载力时间效应模拟及预测的困难。Bullock等（1999）[180]认为砂性土地基中此阶段持续时间较短，甚至没有经历阶段1直接进入线性消散的阶段。黏性土地基中孔隙水压力非线性消散持续时间较长，在沉桩结束后几天内都可能存在。超孔隙水压力随时间对数非线性消散的过程与土体类型、土体渗透性、土体灵敏性、桩体类型及尺寸密切相关。桩土渗透性越小，桩周土体受扰动范围越大，孔隙水压力非线性消散时间越长。

阶段2：超孔隙水压力随时间对数呈线性消散。大多数时间效应预测模型都是基于此阶段建立，超孔隙水压力随时间对数线性消散的时间点定义为t_0，如图5.2所示，此阶段桩周土体有效应力变化及土体固结符合传统固结理论，与阶段1类似，此阶段持续时间仍与桩土类型相关。砂土地基中，此阶段持续时间较短；细颗粒土壤及成层土地基中，此阶段持续几个小时，几天，甚至数周。Skov和Denver（1988）[95]研究表明，黏性土地基中此阶段持续时间甚至数年。Azzouz等（1990）[185]指出直径为15英寸的桩需要200～400d才能完全固结。Whittle和Sutabutr（1999）[186]则认为大直径开口管桩超孔隙水压力消散受桩体径厚比的影响较大。

阶段3：此阶段承载力增长不依赖于有效应力的变化，主要归因于土体老化效应，同时，砂土的蠕变效应也会持续。土体老化与时间有关，能够影响土体的触变性、再压缩性、颗粒界面特性及黏性土膨胀性[94,177,187]。老化效应能够增加土体剪切模量及刚度，减小土体的压缩性[187,188]，还可以增加桩土界面摩擦角[189]。Schmertmann等（1991）[187]研究表明，触变性、土体老化效应主要发生在黏性土地基排水较小应力状态下。土体老化效应对粗粒土体的影响要大于黏性土地基，并且不是所有土体都会发生土体老化效应。

上述三阶段贯穿于沉桩结束后休止期内。对于特定桩型及土体类型而言，三阶段相互影响，相互制约，三者之间没有明显的界限。桩长范围内土体性状差异导致特定时间不同位置处土体处于不同时间效应阶段。

5.3.2　影响因素分析

桩基承载力随时间变化增长的现象发生在饱和黏性土地基、松散～中等密实黏性土、砂质黏土及中细砂等土体[167,190,191]。Holloway和Beddard（1995）[175]试验发现淤泥质低塑性黏性土中时间效应不显著，Walton和Borg（1998）[192]在砂土及颗粒土壤中也发现了上述现象。因此，土体类型对时间效应具有重要影响。

（1）土体类型影响

黏性土地基及颗粒土与黏性土互层地基中，沉桩引起的超孔隙水压力消散较慢。黏性土中，扰动后重新固结土体剪切强度相比未扰动土体高出50%～60%[135,182]。Karlsrud和Haugen（1985）[131]研究表明，桩侧摩阻力极值等同于桩周土重塑区剪切强度。沉桩结束后黏性土中桩周应力变化取决于周围土体超固结比[135]，并且黏性土中大直径开口管桩承载力时效性与土体超固结比密切相关[186]。软黏土地基承载力时间效应要大于硬质黏土[94]。

细颗粒土，如淤泥质黏土、细砂等，沉桩引起的超孔隙水压力消散相对较快，有时甚至在贯入过程中就已经消散完毕。研究表明，细颗粒土体中桩基承载力增长部分归因于沉桩引起的拱效应，此拱效应可以增加桩土间摩擦，且持续时间较长[179,188,189,193,194]。松散砂土及淤泥质土中桩体承载力增长性状类似于软黏土地基[94,130]，有机质黏性土时间效应性状等同于黏性土，无机质黏性土地基中时间效应发展规律与细砂类似[130]。Titi 和 Wathugala（1999）[165]认为土体灵敏性越小，单桩承载力时间效应越显著。

Axelsson（2002）[179]试验表明，非黏性土中桩基承载力每对数循环增长 20%～50%，也有部分学者观察到桩基承载力增长近 100%。Chow 等（1997）[193]发现虽然试验点较为离散，砂性土中休止期为 100d 时桩基承载力增长约 50%～150%。Long 等（1999）[94]建议沉桩结束 100d 砂土地基中每对数循环桩基承载力增长取值为 20%～100%。Tomlinson[183]研究表明砂土地基中沉桩结束 9 个月后因土体老化效应，承载力增长 2.7 倍，侧摩阻力每对数循环增长 50%。密实砂土地基中，相比初始承载力，桩基承载力增长约 1.25～1.5 倍。Axelsson（2002）[179]表明非黏性土中桩基承载力每对数循环大约增长 40%。砂土地基中，Long 等（1999）[94]试验发现桩基承载力增长虽主要集中于沉桩结束后 10d，但总共持续约 500d，且观测到的侧摩阻力约为初始值的 2 倍。Chow 等（1997）[193]对密实砂土地基中开口管桩承载力时效性进行了研究，发现 5 年后桩侧摩阻力增长 85%。

非黏性土地基中，桩径、土体密度、土体剪切模量、土颗粒性状、水分含量、孔隙水化学组成、初始应力水平、桩体几何尺寸及沉桩方式等对桩基承载力增长具有重要影响[97,163,179,181,193]。颗粒级配好的密实砂土桩基承载力增长要大于松砂及颗粒级配不好的砂土[97,195]。

（2）桩体类型影响

桩基承载力时间效应与桩型及桩身尺寸关系较为复杂。Camp 和 Parmar（1999）[178]指出桩基承载力时间效应随桩尺寸增大而减小。Long 等（1999）[94]则认为桩基承载力时间效应与桩身尺寸无关。Finno 等（1989）[196]研究表明贯入过程中管桩产生的超孔隙水压力要高于 H 型桩产生的，但是 43 周后两者单位桩侧摩阻力相等。一般而言，木桩承载力增长要高于钢管桩及混凝土管桩，并且木桩渗透性越好，承载力增长越快[166,197]。相比 H 型桩，预应力混凝土管桩时间效应更为显著，这主要是由于预应力混凝土管桩桩土摩擦系数更大的原因造成的[198]。

5.4 基于隔时复压试验单桩承载力时效性研究

研究桩基承载力时间效应至少需要两个不同时刻的单桩极限承载力。为最大限度确定桩基承载力增长，第一次测试应选在压桩结束后尽可能短时间内进行，第二次测试时间点应尽可能长。沉桩结束后不同时刻影响桩体性状因素不同，导致桩基承载力增长速率发生变化。桩基承载力时间效应包括桩侧摩阻力时间效应及桩端阻力时间效应，为更好地理解桩基承载力时间效应机理，有必要分别对其单独研究。

目前确定不同时刻桩基承载力的方法主要有静载荷试验与 CAPWAP 法。静载荷试验费时费力，沉桩结束初期较难进行。CAPWAP 法能够较为方便地获得沉桩结束时刻及后续复打时刻桩侧摩阻力及桩端阻力，对于研究桩基承载力时间效应较为方便，复打过程中需充分调动桩土位移以免低估此刻桩基承载力。

刘俊伟（2012）[51]总结了近几十年来桩基承载力时效性研究成果，如表 5.2 所示。郭进军（2007）[199]，高子坤（2007）[200]根据静压桩周围土体的应力路径，对黏性土和砂土的固结、次固结、剪切蠕变等过程进行室内试验，尝试从细观上分析静压桩承载力时效性，但其结论用于解释宏观工程性态还有一些差距。为了在勘察阶段就采用能够考虑桩基承载力时效性试验方法，美国 Wisconsin 州公路研究项目尝试采用 CPT-T 试验，即静力触探加扭矩的触探试验，但是研究得出了否定结论，因为一、两个小时的短期试验反映不了静压桩的长期承载力。但他们的研究证明，承载力时间效应不仅存在于黏性土中，也存在于粉细砂等砂性土中[129,201]。Gary Axelsson（2000）[202]用粗钢棒和混凝土桩试验，在松散到中密的砂土中也观测到了承载力提高的现象。

国内外桩基承载力研究现状汇总　　**表 5.2**

参考文献	桩型	地质条件	沉桩方法	桩数	桩长（m）	试验方法
Tavenas & Audy（1972）	D=305mm 六边形桩	中密砂	锤击	27	8.5～13	静载
Samson & Authier（1986）	12×63mm H 型钢桩	中砂、碎石	锤击	1	22	静载、CAPWAP
Seidel（1988）	450mm 预应力混凝土方桩	松～密砂	锤击	1	10.5	静载、CAPWAP
Skov & Denver（1988）	350mm×350mm 混凝土桩 D=762mm 钢管桩	中～粗砂	锤击	2	21、33.7	静载、CAPWAP
Zai（1988）	D=610mm 钢管桩	粉砂	锤击	5	40～45	静载
Preim 等（1989）	355mm×355mm 方桩 D=323mm 管桩	松～中砂	锤击	2	27、25	静载、CAPWAP
Fellenius 等（1989，1992）	D=305mm H 型桩	砂质粉土	锤击	3	43～47	高应变
Astedt（1992）	235～275mm 混凝土方桩	粉土、砂土	锤击	32	14～37	静载、CAPWAP
李雄 等（1992）	400mm×400mm 混凝土桩 D=100mm 钢管桩	软土	锤击	4	24、26 4.5、5.5	静载
Eriksson（1992）	270mm×270mm 方桩	砂土、粉土	锤击	2	21～37	高应变
York 等（1994）	D=355mm 管桩	中～密砂	锤击	15	10.7～21.6	静载、CAPWAP
Svinkin 等（1994）	457～915mm 混凝土方桩	粉砂	锤击	6	19.5～22.9	静载、CAPWAP
Chow 等（1998）	D=324mm 管桩	中密～密砂	锤击	2	11、22	静载、CAPWAP
Axelsson（1998，2000，2002）	235mm×235mm 混凝土方桩	松～中密砂	锤击	3	19	高应变

续表

参考文献	桩型	地质条件	沉桩方法	桩数	桩长（m）	试验方法
黄宏伟（2000）	250mm×250mm、200mm×200mm 混凝土方桩	黏土、粉土	锤击	2	18、16	静载
Attwooll 等（2001）	D=324mm 钢管桩	密砂	锤击	1	10.1	静载、CAPWAP
Tan 等（2004）	356mm H 型桩 D=610mm 管桩	松 中密砂	锤击	5	34～37	CAPWAP
Bullock 等（2005a，2005b）	457mm×457mm 预应力混凝土方桩	密砂	锤击	3	9～25	O-cell 载荷
潘赛军（2006）	D=500mm PC 管桩	黏土	静压	3	40～50	静载
马海龙（2008）	D=60（80）mm 钢管桩	粉质黏土	静压	36	3	静载
张明义等（2009）	D=400mm PHC 管桩	软土	静压	3	25、26	隔时复压

5.4.1 隔时复压试验

压桩结束时有一个最终压桩力，它是在桩周土体被完全扰动的条件下表现出来的，是动阻力；桩极限承载力是在桩周土体触变恢复及固结过程完全结束后的桩土平衡体系下表现出来的，是静阻力。对于普通桩，只能通过多台次的静载试验测得沉桩完成后某些时刻的极限承载力，这是相当费力的工作，并且没有一个零时刻的基准。而静力压桩可以显示压桩完成之时的最终压桩力，即零时刻的极限承载力，此后利用压桩机方便移动的特点，间隔一定时间对桩实施复压，即“隔时复压试验”，记录起动时的最大压力，作为此刻极限承载力，由此得到在时间坐标上分布的一系列极限承载力，可称之为“广义极限承载力”，它是确定静压桩长期承载力的基础。隔时复压试验由张明义首先提出并将其应用于桩基承载力时效性研究，并取得了一定成果[11,162]。

隔时复压试验主要包括复压启动阶段（阶段 1）及稳态贯入阶段（阶段 2），如图 5.3 所示。复压启动阶段（阶段 1）类似于快速载荷试验，在其达到起动压力峰值之前，桩身会有一定相对缓慢的微量沉降，此过程肉眼一般无法观察到。待压桩力达到峰值后，静压桩进入稳态贯入阶段，此阶段与普通压桩没有区别。复压过程中压桩力到达峰值后立即停止复压，避免其进入阶段 2（稳态贯入阶段）破坏桩土平衡体系。在同一根桩上进行多次复压就如同在同一根桩上不同时刻进行多次静载荷试验。李雄、刘金励（1992）[203]认为在同一根桩上重复试压与初压相比，相同荷载作用下沉降减小而极限承载力无变化，可以利用同一根桩不同休止时间重复试压对桩基承载力时效性进行研究。Jardine 等（2006）[204]通过循环载荷试验在砂土中也发现了上述现象，可见利用隔时复压试验研究桩基承载力时效性是

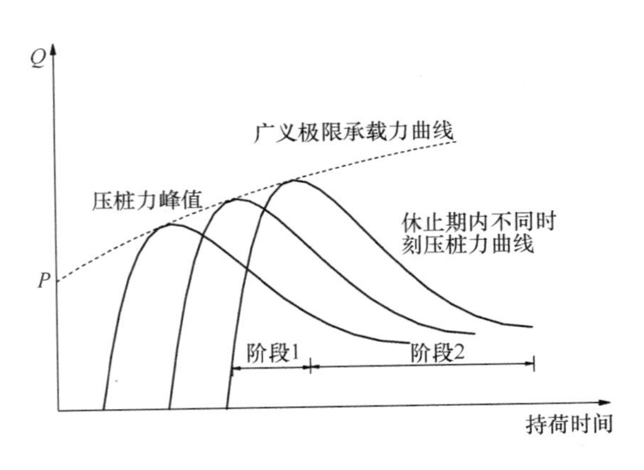

图 5.3　隔时复压示意图

合理的。隔时复压试验既不同于静载荷试验，也不同于桩体贯入过程，表 5.3 给出了隔时复压、静载荷试验、桩体贯入过程三者之间的区别与联系。

隔时复压、静载试验、桩体贯入三者的区别与联系　　表 5.3

类别＼名称	克服桩土平衡体系不同	研究桩基承载力时间效应优势	相互联系
隔时复压试验	阶段 1 克服静摩阻力，阶段 2 克服动摩阻力	简单易行，布设点灵活，可以测出短时间内桩基承载力增长	隔时复压阶段 1 类似于快速静载荷试验；阶段 2 类似于稳态贯入阶段
静载荷试验	桩周土体触变恢复且固结完成，克服静摩阻力	费用高，操作复杂，难以实现沉桩结束后短时间内测试	
桩体贯入过程	桩周土完全破坏，稳态贯入，克服动摩阻力	桩体贯入最终压桩力相当于零时刻单桩承载力	

5.4.2　桩端位于非硬质土层隔时复压试验

5.4.2.1　试验设置

试验场地情况及桩位布置如第 2 章所述。PJ3、PJ5 桩端位于粉质黏土层，桩端处无突变硬层，沉桩结束后间隔一定时间分别对 PJ3、PJ5 进行复压。复压试验开始前，记录 FBG 传感器初始波长，复压时以肉眼观测到的压桩力峰值作为此刻桩广义极限承载力，记录压桩过程中传感器波长变化，根据公式（2.4）即可得出桩身各量测截面复压过程中应力变化，以峰值作为复压时刻量测截面轴向应力。

5.4.2.2　试验结果与分析

试验持续约 284h，复压起动力变化显著，具体试验结果汇总于表 5.4。为了校对隔时复压结果，表中同样给出了 PJ4 静载荷试验结果。图 5.4 表示 PJ3、PJ5 承载力变化曲线。

PJ3、PJ4、PJ5 桩基承载力、桩侧摩阻力及桩端阻力变化情况　　表 5.4

桩号	休止时间（h）		终压	第 1 次复压	第 2 次复压	第 3 次复压	第 4 次复压	第 5 次复压	静载荷试验
			0	21.5	39	261	279	284	408
PJ3	总承载力	大小（kN）	502	753	941	1120	1255	1265	—
		提高幅度（%）	0	50	87.5	123.1	150	150	—
	桩侧阻力	大小（kN）	127.08	354.52	542.52	721.52	856.52	866.52	—
		提高幅度（%）	0	180.00	326.91	467.77	574.00	581.87	—
	桩端阻力	大小（kN）	374.92	398.48	398.48	398.48	398.48	398.48	—
		提高幅度（%）	0	6.28	6.28	6.28	6.28	6.28	—
PJ4	总承载力	大小（kN）	502	—	—	—	—	—	1200
		提高幅度（%）	0	—	—	—	—	—	139.1
	桩侧阻力	大小（kN）	152.77	—	—	—	—	—	817.31
		提高幅度（%）		—	—	—	—	—	434.99%
	桩端阻力	大小（kN）	344.78	—	—	—	—	—	382.69
		提高幅度（%）	0	—	—	—	—	—	11%

续表

桩号	休止时间（h）		终压	第1次复压	第2次复压	第3次复压	第4次复压	第5次复压	静载荷试验
			0	21.5	39	261	279	284	408
PJ5	总承载力	大小（kN）	527.1	753	941.2	1094	1255	1275	—
		提高幅度（%）	0	42.9	78.6	107.6	138.1	141.9	—
	桩侧阻力	大小（kN）	182.32	374.32	562.57	715.32	876.32	896.32	—
		提高幅度（%）	0	105.31	208.56	192.34	380.65	391.62	—
	桩端阻力	大小（kN）	344.78	378.68	378.68	378.68	378.68	378.68	—
		提高幅度（%）	0	9.83	9.83	9.83	9.83	9.83	—

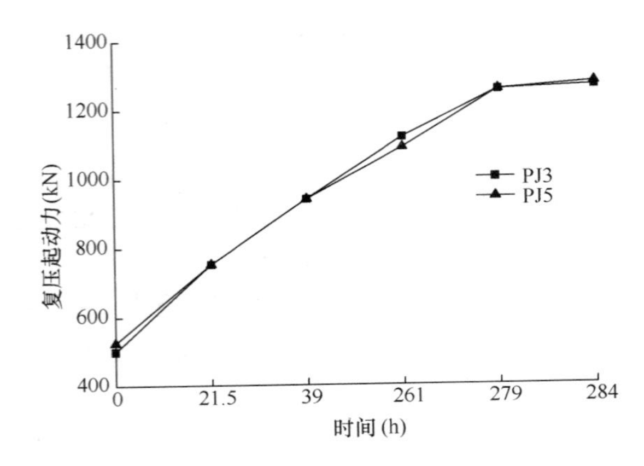

图 5.4　PJ3、PJ5 承载力增长曲线

试桩 PJ3、PJ5 复压起动力（广义极限承载力）相比最终压桩力提高幅度较大，284h 后提高幅度分别为 150%，141.9%，时效性显著。沉桩结束至 279h 内，试桩广义极限承载力增长近似呈直线关系，承载力提高幅度较大，279h 后桩复压起动力 PJ3 由 1255kN 增长到 1265kN，PJ5 由 1255kN 增长到 1275kN，变化不明显，说明软黏土地基中静压桩承载力提高主要体现在沉桩结束后 10d，10d 后桩基承载力变化不明显，与 Long 等（1999）[94] 研究结果一致。沉桩结束后 17d PJ4 静载荷试验表明，单桩极限承载力约为 1200kN，与 284h 时 PJ3、PJ5 单桩极限承载力误差分别为 5.4%，6.3%，表明利用隔时复压试验研究桩基承载力时效性是合理的。

休止期内桩侧摩阻力及端阻力变化制约着桩基承载力的增长。图 5.5、图 5.6 分别给出了 PJ3、PJ5 三者相对增长曲线，图中曲线显示试桩极限承载力及桩侧摩阻力的发展符

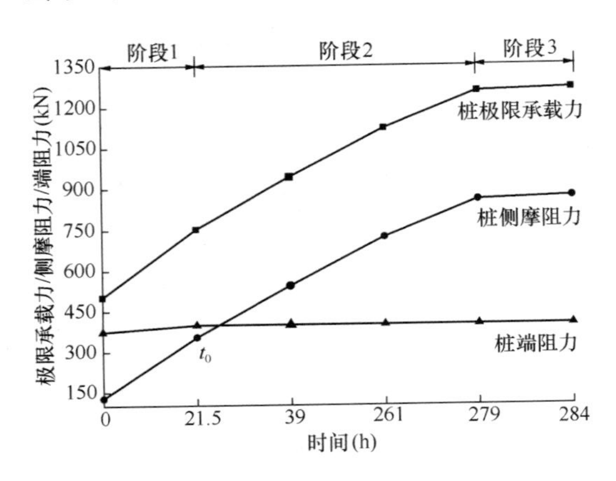

图 5.5　休止期内 PJ3 相对增长曲线

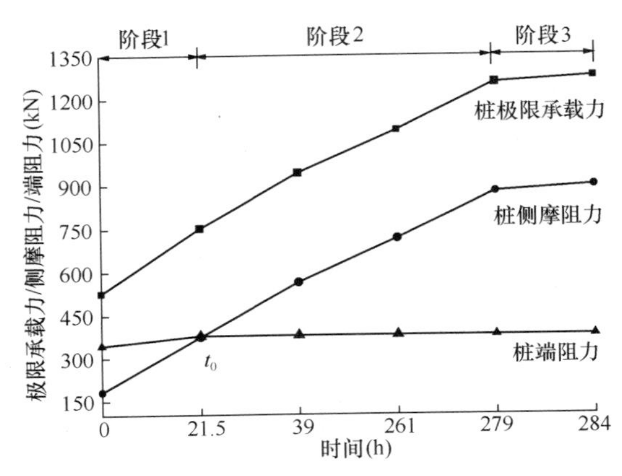

图 5.6　休止期内 PJ5 相对增长曲线

合 Komurka 等（2003）[129]提出的三阶段增长模型，时间界点分别为 21.5h 和 279h。表 5.4 结果显示随着沉桩时间的增加，PJ3、PJ5 桩端阻力变化不明显，PJ3 端阻力由 374.92kN 增长到 398.48kN，21.5h 后桩端阻力基本不发生变化，提高幅度仅为 6.28%；桩侧摩阻力则由 127.08kN 增长至 866.52kN，提高幅度为 581.87%，自沉桩结束至 279h 内，桩侧摩阻力提高 574.0%，279h 后桩侧摩阻力提高仅为 7.87%。PJ5 桩侧摩阻力及桩端阻力变化同样表现出上述规律。由此可知，休止期内承载力时效性主要表现为桩侧摩阻力的提高，桩端阻力对极限承载力提高贡献有限，这与众多学者的研究成果一致[95,179,205,206]。休止期内桩端土强度由于压密与固结逐渐恢复与增长，同时桩周重塑区使端部支撑面积逐渐有所扩大，此为桩端阻力出现小幅增长的原因。

图 5.7、图 5.8 分别表示休止期内 PJ3、PJ5 各土层侧摩阻力的增长。由图可以看出，休止期内单位桩侧摩阻力增长显著。对于 PJ3 而言，粉土层（砂质粉土层）摩阻力由 45kPa 增长到 92kPa，变化幅度约为 104.4%，黏土层（以 12m 处粉质黏土为例）单位桩侧摩阻力由 57kPa 增长为 155kPa，变化幅度约为 172.9%，PJ3、PJ5 粉土层及黏土层单位桩侧摩阻力增幅分别为 109.3%，146.9%和 104%，154.8%，可见相比粉土层，黏土层单位侧摩阻力时间效应更为显著。张明义、邓安福（2002）[147]通过混凝土与重塑土界面的直剪试验也验证了相同法向应力作用下黏性土单位侧摩阻力提高幅度更大。

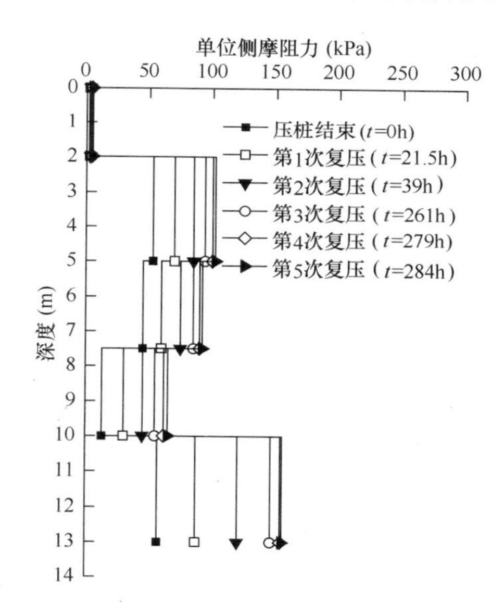

图 5.7 休止期内 PJ3 单位桩侧摩阻力变化

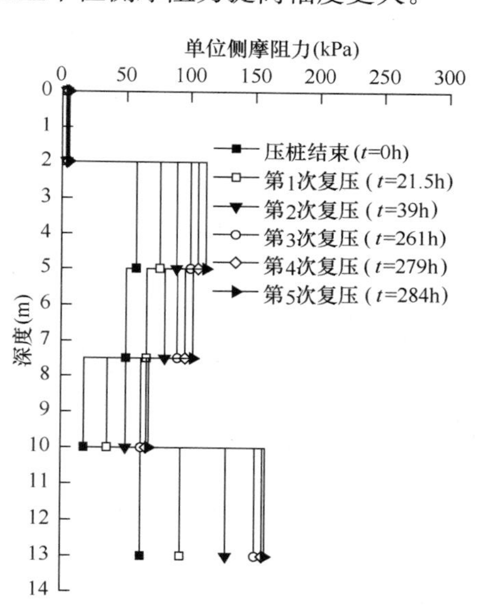

图 5.8 休止期内 PJ5 单位桩侧摩阻力变化

国内外学者曾根据试验结果提出了众多预测桩基承载力经验公式，如表 5.1 所示，其中以 Skov & Denver（1988）[95]提出的对数型公式（公式 5.1）应用最为广泛。

$$Q_t/Q_0 = A\log(t/t_0) + 1 \tag{5.1}$$

式中 Q_0——沉桩结束后 t_0 时刻承载力；

Q_t——沉桩结束后 t 时刻承载力；

t_0——超孔隙水压力消散速度随时间对数开始线性增长的时刻（如图 5.2 所示）；

A——时效系数。

超孔隙水压力消散速度随时间对数非线性增长的持续时间 t_0 较短，与桩土类型密切相关[129]。Camp 和 Parmar（1999）[178]研究表明桩径越大，此阶段持续时间越长。Axelsson（1998）[188]认为 t_0 应标准化，并建议此标准值取为 1。Long 等（1999）[94]认为这个阶段非常短，取 0.01d 较为合适；Skov & Denver（1988）[95]认为黏土和砂土的 t_0 分别取为 1d 和 0.5d 比较准确。考虑到试验场地土层变化及桩尺寸参数等影响，本次试验取 $t_0=21.5\text{h}$，则休止期内桩身应力随时间变化关系曲线如图 5.9、图 5.10 所示。

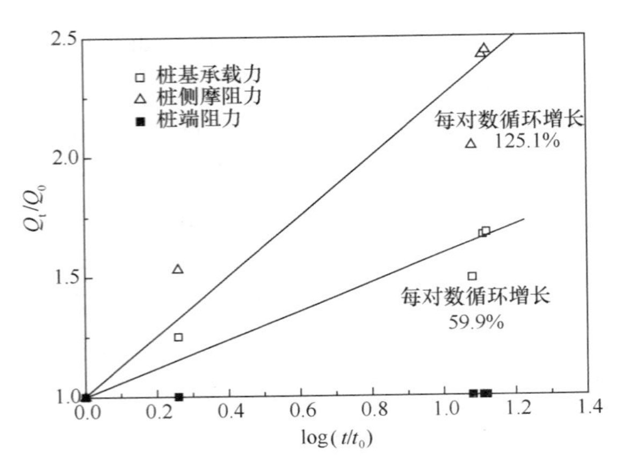

图 5.9　休止期内 PJ3 桩身应力增长

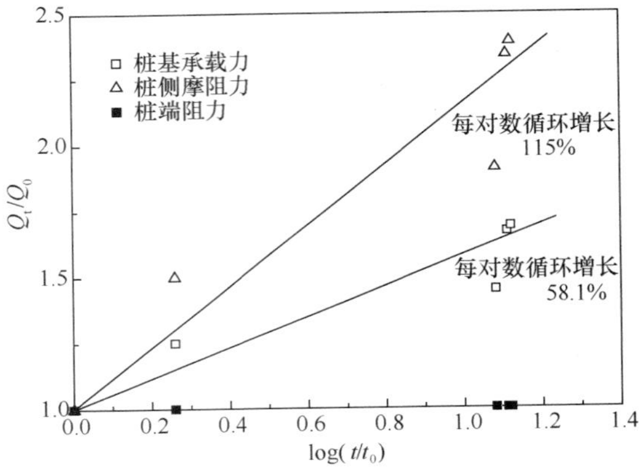

图 5.10　休止期内 PJ5 桩身应力增长

图 5.9、图 5.10 中横坐标表示时间对数，纵坐标为桩身应力变化幅度。虽然数据点具有一定的离散性，但变化趋势是明显的，桩基承载力、桩侧摩阻力与时间对数大致呈线性关系。PJ3、PJ5 桩基承载力、桩侧摩阻力时效系数分别为 0.60、1.25 和 0.58、1.15，即每对数循环分别增长 60%、125%及 58%、115%。t_0 时刻后，桩端阻力没有变化，说明桩基承载力提高全部来自于桩侧摩阻力。

文中时效系数 A 表示桩身应力增长幅度大小。Skov & Denver（1988）[95]建议黏性土中当 $t_0=1$ 时，A 取 0.6 较为合理，与本次试验结果较为接近。各土层桩侧摩阻力时效系数大小对桩侧摩阻力提高具有重要影响，各土层时效系数大小如表 5.5 所示。

PJ3、PJ5 与土层对应桩基承载力时间效应系数　　**表 5.5**

土层名称	层厚 (m)	含水量 w (%)	重度 γ (kN/m³)	孔隙比 e_0	液性指数 I_1	黏聚力 c/kPa	内摩擦角 φ (°)	时间效应系数	
								总时间效应系数 A	各土层时间效应系数 A_i
素填土	0～2	—	—	—	—	—	—		—
粉质黏土	2～5	25.70	19.36	0.73	0.64	14.1	21.50		0.39
砂质粉土	5～7.5	31.20	18.52	0.87	—	7.1	29.40	0.59	0.46
淤泥质黏土	7.5～10	44.80	17.07	1.28	1.46	15.8	8.00		0.89
粉质黏土	10～13	23.40	19.77	0.67	0.58	28.5	22.80		0.69

5.4.3　桩端位于硬质土层隔时复压试验

5.4.3.1　试验设置

如第 2 章所述，试桩 PJ1、PJ2 桩端位于圆砾层，入圆砾层深度约 5m。待沉桩结束后进行隔时复压试验，观测休止期内桩基承载力的发展。

5.4.3.2　试验结果与分析

复压时刻单桩极限承载力、桩端阻力及桩侧摩阻力如表 5.6 所示。图 5.11、图 5.12 分别表示休止期内桩基承载力增长曲线。

PJ1、PJ2 桩基承载力、桩侧摩阻力及桩端阻力变化情况　　　**表 5.6**

桩号	休止期（h）		终压	第 1 次复压	第 2 次复压	第 3 次复压	第 4 次复压	第 5 次复压
			0	21.5	39	261	279	284
PJ1	总承载（kN）	大小	1210	1320	1390	1420	1448	1450
		提高幅度（%）	0	9.1	14.9	17.4	19.7	19.8
	桩侧阻力（kN）	大小	485.5	584.9	654.9	684.9	712.9	714.9
		提高幅度（%）	0	20.5	34.9	41.1	46.8	47.3
	桩端阻力（kN）	大小	724.5	735.1	735.1	735.1	735.1	735.1
		提高幅度（%）	0	1.5	1.5	1.5	1.5	1.5
PJ2	总承载力（kN）	大小	878.5	1020	1130	1200	1250	1255
		提高幅度（%）	0	16.1	28.6	36.6	42.3	42.3
	桩侧阻力（kN）	大小	194.4	325.3	435.3	505.3	555.3	560.3
		提高幅度（%）	0	67.3	123.9	159.9	185.6	188.2
	桩端阻力（kN）	大小	684.1	694.7	694.7	694.7	694.7	694.7
		提高幅度（%）	0	1.5	1.5	1.5	1.5	1.5

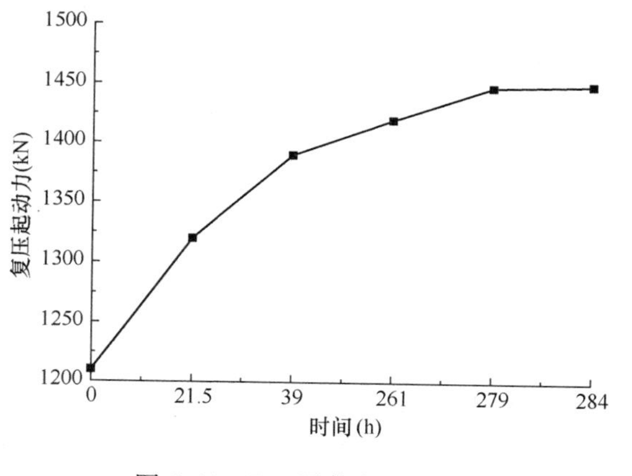

图 5.11　PJ1 承载力增长曲线

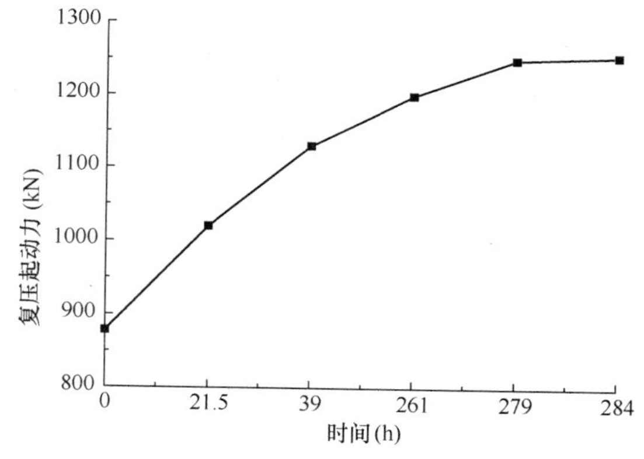

图 5.12　PJ2 承载力增长曲线

PJ1、PJ2 休止期内桩基承载力有所提高，相比终止压桩力 PJ1 桩基承载力提高 19.8%，PJ2 提高 42.3%，小于 PJ3、PJ5 桩基承载力提高幅度，可见试桩 PJ3、PJ5 时间效应更为显著。休止期内 PJ1、PJ2 桩侧摩阻力及桩端阻力分别提高 47.3 %、1.5%及 188.2%、1.5%，与 PJ3、PJ5 桩基承载力变化规律一致，休止期内桩基承载力提高主要来源于桩侧摩阻力增长，桩端阻力贡献有限。桩基承载力增长规律同样符合 Komurka 等 (2003)[129]提出的三阶段增长模型，时间界点与 PJ3、PJ5 相同，分别为 21.5h 和 279h。休止期内 PJ1、PJ2 桩基承载力、桩侧摩阻力及桩端阻力增长曲线如图 5.13、图 5.14 所示。

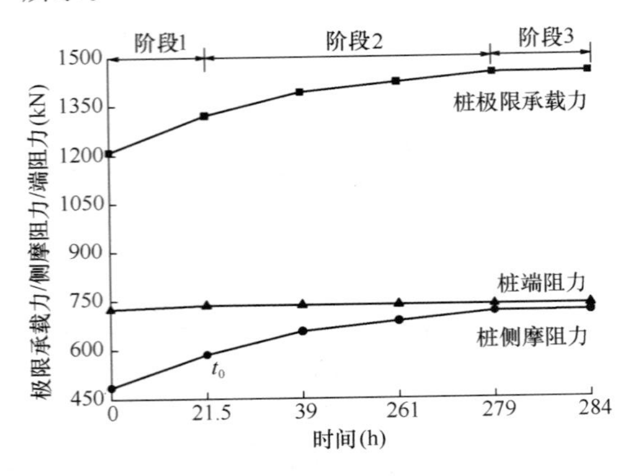

图 5.13 休止期内 PJ1 相对增长曲线

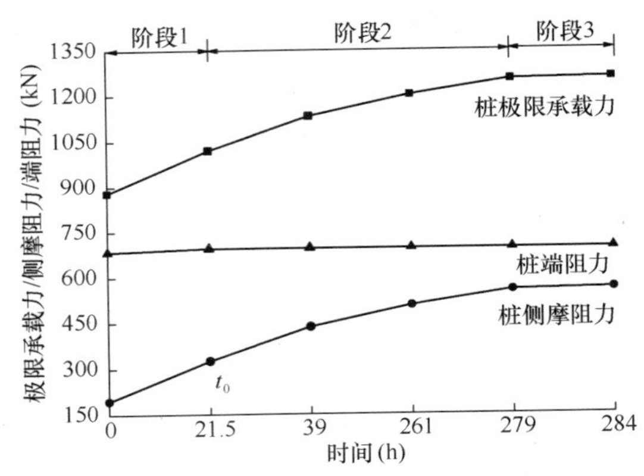

图 5.14 休止期内 PJ2 相对增长曲线

图 5.15、图 5.16 给出了休止期内各土层桩侧摩阻力变化情况。由图可知，休止期内各土层桩侧摩阻力均有所提高，对于不同土层提高幅度略有变化。以 PJ1 为例，2～5m 处粉质黏土层休止期内单位桩侧摩阻力由 23kPa 增长为 76kPa，增长幅度为 230.4%；砂质粉土层、淤泥质黏土层、10～13m 处粉质黏土层及圆砾层增长幅度分别为 163.6%、113.3%、186.2%及 168.6%，可见粉质黏土层单位桩侧摩阻力提高较快，PJ2 桩侧摩阻力变化规律与 PJ1 一致。对比分析 PJ3、PJ5 单位桩侧摩阻力变化规律，可知 $t=284$h 时

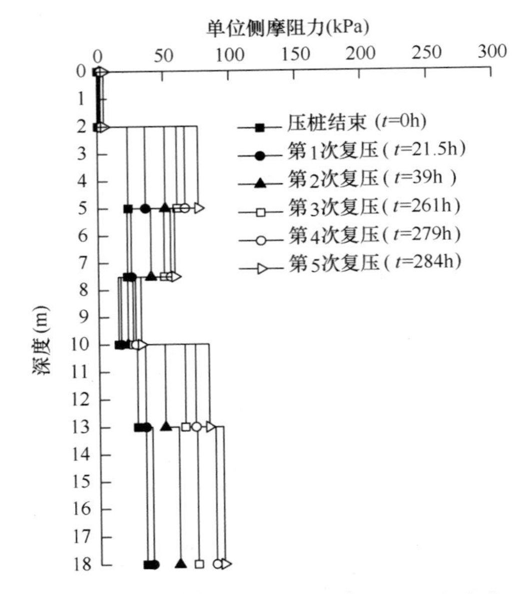

图 5.15 休止期内 PJ1 单位桩侧摩阻力变化

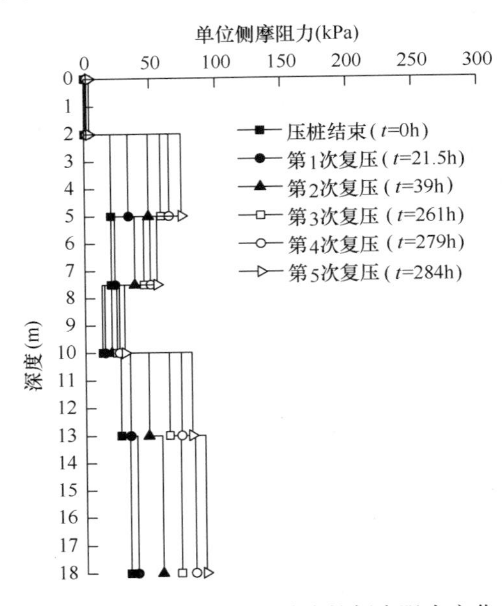

图 5.16 休止期内 PJ2 单位桩侧摩阻力变化

10～13m 处粉质黏土层 PJ1、PJ2 单位桩侧摩阻力最大值分别为 83kPa、80.9kPa，小于 PJ3、PJ4、PJ5 对应土层单位桩侧摩阻力。由此可知，PJ1、PJ2 达到极限破坏时桩侧摩阻力未充分发挥。

图 5.17、图 5.18 分别表示休止期内桩身应力随时间变化关系曲线，表 5.7 给出了 PJ1、PJ2 各土层对应桩基承载力时间效应系数。由此同样可以看出，各土层桩侧摩阻力未充分发挥。

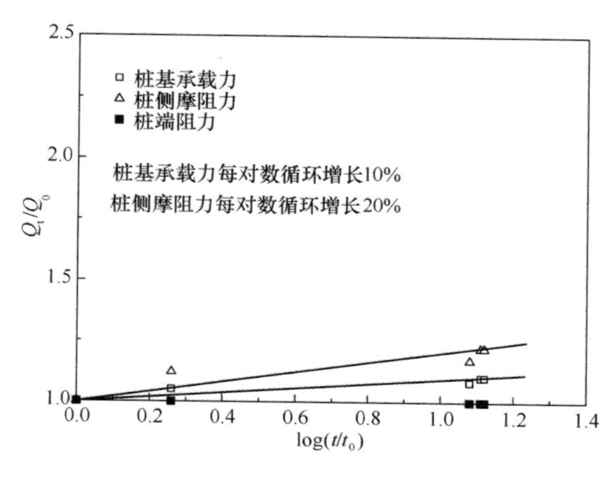

图 5.17　休止期内 PJ1 桩身应力增长

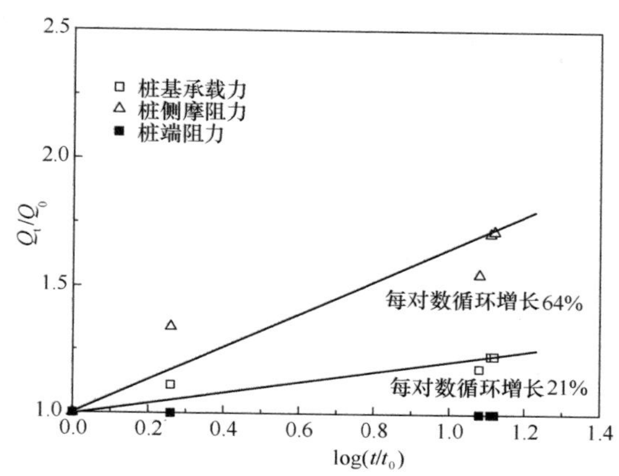

图 5.18　休止期内 PJ2 桩身应力增长

PJ1、PJ2 与土层对应桩基承载力时间效应系数　　**表 5.7**

土层名称	层厚 (m)	含水量 w (%)	重度 γ (kN/m³)	孔隙比 e_0	液性指数 I_l	黏聚力 c (kPa)	内摩擦角 φ (°)	时间效应系数	
								总时间效应系数 A	各土层时间效应系数 A_i
素填土	0～2	—	—	—	—	—	—	0.16	—
粉质黏土	2～5	25.70	19.36	0.73	0.64	14.1	21.50		0.84
砂质粉土	5～7.5	31.20	18.52	0.87	—	7.1	29.40		1.15
淤泥质黏土	7.5～10	44.80	17.07	1.28	1.46	15.8	8.00		0.66
粉质黏土	10～13	23.40	19.77	0.67	0.58	28.5	22.80		1.05
圆砾	13～18	—	—	—	—	—	—		1.09

5.4.4　桩端土性差异对单桩承载力发挥影响

《建筑桩基技术规范》JGJ 94—2008 对端承摩擦桩及摩擦端承桩给出了定义：在承载能力极限状态下，端承摩擦桩桩顶竖向荷载由桩侧摩阻力承担，摩擦端承桩桩顶竖向荷载主要由桩端阻力承担。284h 复压时 PJ1、PJ2（桩长径比为 32.5），PJ3、PJ5（桩长径比为 45）桩端阻力与桩顶荷载比值分别为 51.0%、55.4%、31.5%、42.2%，即 PJ1、PJ2 性状比较接近摩擦端承桩，PJ3、PJ5 桩基承载力性状则类似于端承摩擦桩，图 5.19 表示隔时复压过程中荷载传递过程。

沉桩结束后，桩身与桩周重塑区紧密接触，桩土体系处于平衡状态。复压过程中桩身受压产生压缩变形破坏了桩土原来平衡体系，桩身产生相对于土体向下的位移，同时桩周

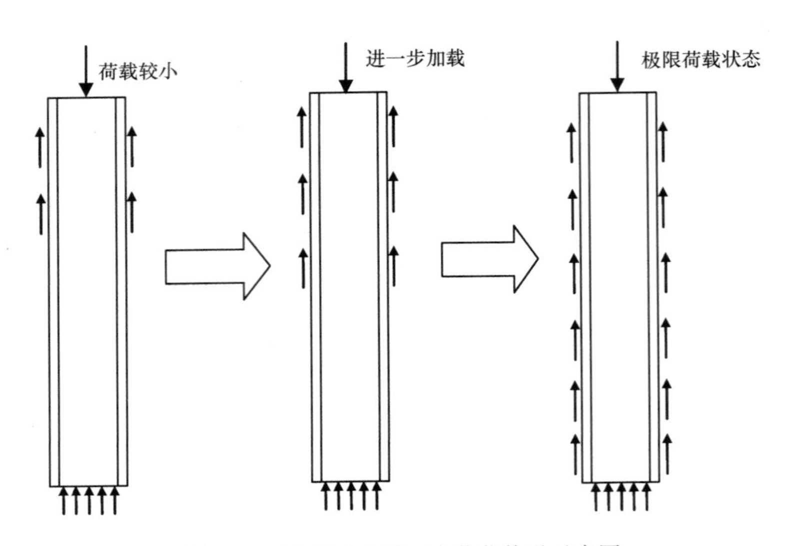

图 5.19　隔时复压过程中荷载传递示意图

土对桩体产生方向向上的摩阻力，如图 5.19 所示，桩顶荷载在克服桩侧摩阻力的过程中逐步向下传递。PHC 管桩制作工艺较为特殊，桩身采用预应力高强混凝土，弹性模量较其他桩型较大，桩顶荷载作用下桩身压缩量较小，容易产生整体向下的刚度位移。因此，当桩端位于非硬质土层时（PJ3、PJ5），桩顶荷载克服桩侧摩阻力向下传递，由于桩端土层承载力较低，大部分荷载由桩侧摩阻力承担。当桩端位于硬质土层时（PJ1、PJ2），桩端承担大部分荷载，桩侧摩阻力较小未达到极限状态，此为 PJ3、PJ5 桩基承载力时间效应较 PJ1、PJ2 大的原因。

研究表明，影响桩土体系荷载传递的因素主要有：桩端土与桩周土刚度比、桩长径比、桩底扩大头与桩身直径比。对于预制桩而言，前两者对其影响较大。桩端土与桩周土刚度比越大，桩端阻力分担荷载越大；桩长径比越大，桩侧摩阻力分担荷载越大。PJ1、PJ2 桩长径比为 45，PJ3、PJ5 桩长径比为 32.5，两者差别不大。PJ1、PJ2 桩端位于硬质土层，PJ3、PJ5 桩端位于非硬质土层，两者刚度比差别较大，成为制约荷载分担比的主要原因。

5.5　承载力时间效应静载荷试验验证及预测

5.5.1　实例一

5.5.1.1　试验概述

试验借助青岛平度某工程进行。工程场区地貌形态类型属洪冲积平原，场地地形平缓，地层分布稳定，层序较清晰，上覆第四系土层主要由全新统松散堆积物和洪冲积物组成，下伏基岩为中生界白垩系王氏群泥岩，地下水位常年位于地表以下 1.76～2.56m。工程采用高强预应力混凝土管桩 PHC-A400（75），桩身混凝土强度等级为 C80。36 号、43 号、18 号工程桩长度分别为 8m、10m、13m，工程要求单桩承载力特征值为 1650kN。场地工程地质情况如表 5.8 所示。

工程地质情况概述　　表 5.8

土层名称	层厚 (m)	地基承载力特征值 f_{ak}（kPa）	模量 (MPa)	重度 γ (kN/m³)	黏聚力 c (kPa)	内摩擦角 φ (°)
素填土	0.40～3.40	—	—	17.5	—	—
粉质黏土	0.80～3.80	140	5.14/E_{s1-2}	19.8	18.7	17.1
中粗砂	0.60～3.00	140	10/E_0	18.5	—	—
淤泥质粉土	0.50～5.80	90	3.51/E_{s1-2}	18.0	3.1	10.7
粉质黏土	0.60～5.40	150	5.26/E_{s1-2}	19.8	18.8	16.3
粗砾砂	0.40～5.00	180	14/E_0	20.0	—	—

注：f_{ak}——地基承载力特征值；E_{s1-2}——压缩模量；E_0——变形模量（经验值）；γ——重度；c——黏聚力；φ——内摩擦角。

5.5.1.2　试验结果与分析

工程采用 ZYB700B 型液压静力压桩机进行桩基施工。沉桩前沿桩身每隔 1m 做一标记，沉桩过程中利用标记每贯入 1m 记录一次压桩力，可得压桩力曲线如图 5.20 所示。

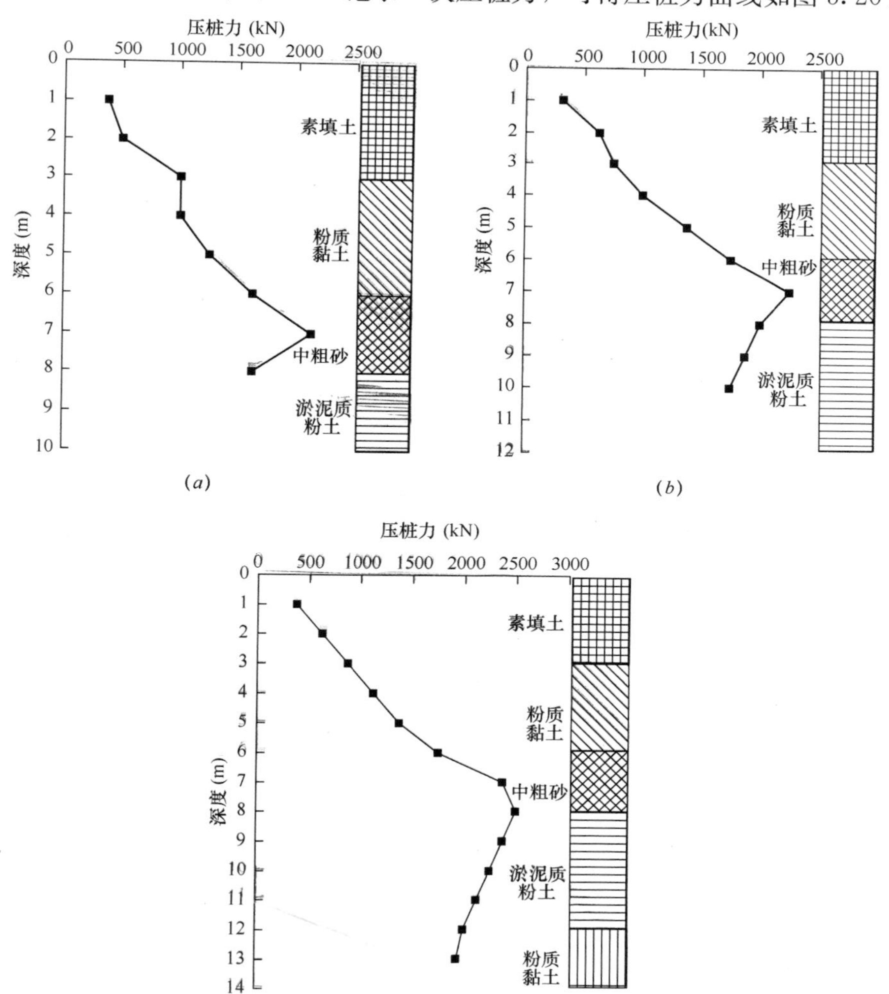

图 5.20　工程桩压桩力曲线

(*a*) 36 号桩压桩力曲线；(*b*) 43 号桩压桩力曲线；(*c*) 18 号桩压桩力曲线

压桩力曲线一定程度上反映了场区地质土层变化，但因压桩力记录以 1m 控制，压桩力曲线精确度不高。

沉桩结束后 20d 分别对 36 号、43 号、18 号工程桩进行单桩竖向静载荷试验。试验采用慢速维持荷载法，休止时间满足《桩基检测规范》JGJ 106—2003 非饱和黏性土不少于 15d 的要求，荷载沉降曲线如图 5.21 所示。试验曲线未出现明显的陡降段，为准缓变型。36 号、43 号、18 号桩最大荷载作用下沉降分别为 14.55mm、12.38mm、8.38mm，未达到 s=40mm。卸载后残余沉降分别为 9.69mm、7.52mm、4.54mm，残余沉降量所占比例较大，分别为 66.60%、60.74%、54.18%。统一取最大加荷值为此刻各桩竖向极限承载力，单桩竖向抗压承载力特征值应按单桩竖向抗压极限承载力的一半取值，即 1650kN，满足工程要求。表 5.9 给出了终止压桩力与 t=20d 时单桩极限承载力具体数

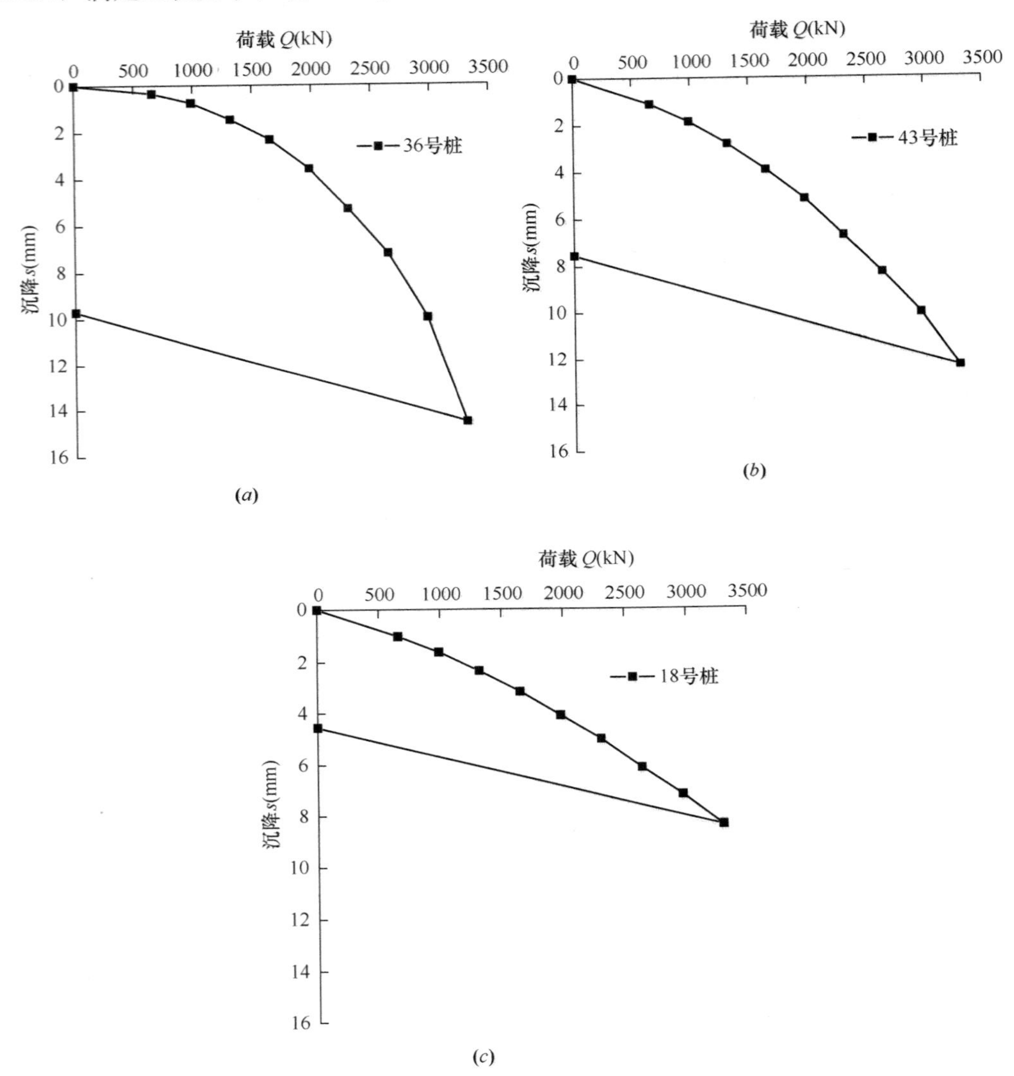

图 5.21　工程桩荷载-沉降曲线

(*a*) 36 号桩荷载沉降曲线；(*b*) 43 号桩荷载沉降曲线；(*c*) 18 号桩荷载沉降曲线

值。分析可知，t=20d时，工程桩单桩极限承载力大于3300kN，高于各工程桩终止压桩力，比值分别大于2.03、1.89、1.70，时间效应显著。本次工程桩静载荷试验属验证性试验，未达到破坏，故此刻各工程桩单桩竖向极限承载力具体数值无法获取，因桩长及土层差异造成的单桩极限承载力差别体现不明显，但其在一定程度上反映了沉桩完成后休止期内静压桩极限承载力随时间的变化规律。

工程桩竖向承载力值 表5.9

工程桩编号	最大加载值（kN）	单桩承载力极限值Q（kN）	单桩承载力特征值（kN）	终止压桩力P（kN）	最大沉量S_{max}（mm）	残余沉降量S_{res}（mm）	S_{max}/S_{res}	Q/P
36号	3300	>3300	>1650	1625	14.55	9.69	0.67	>2.03
43号	3300	>3300	>1650	1750	12.38	7.52	0.61	>1.89
18号	3300	>3300	>1650	1937.5	8.38	4.54	0.54	>1.70

5.5.2 实例二

5.5.2.1 试验概述

试验场区位于青岛平度某扩建办公楼工程。工程场区地层自地面从上到下依次为素填土、黏土、淤泥质黏土、粉质黏土、粉细砂、粉砂岩，工程采用高强预应力混凝土管桩PHC-A400（75），桩身混凝土强度等级为C80。F-2号、G-5号、A-9号工程桩长度分别为9m、9m、7m，桩端位于强风化泥质砂岩，单桩承载力特征值为480kN。

5.5.2.2 试验结果与分析

工程采用ZYB700B型液压静力压桩机进行桩基施工，沉桩前沿桩身每隔1m做一标记，沉桩过程中利用标记每贯入1m记录一次压桩力，可得贯入过程中压桩力曲线，如图5.22所示。由图可看出，压桩力曲线能够反映场地土层变化，说明压桩力受场地土层变化影响较为显著。

图5.23为沉桩结束20d后进行的单桩竖向静载荷试验荷载沉降曲线。由各曲线可知，试验曲线未出现明显的陡降段，为准缓变型。F-2号、G-5号、A-9号桩最大荷载作用下沉降量分别为17.17mm、15.93mm、16.58mm，未达到s=40mm。卸载后残余沉降分别为13.48mm、11.56mm、12.73mm，残余沉降量所占比例较大，分别为78.51%、72.57%、76.78%。统一取最大加荷值为此刻各桩竖向极限承载力，单桩竖向抗压承载力特征值应按单桩竖向抗压极限承载力的一半取值，即480kN，满足工程要求。表5.10给出了终止压桩力与t=20d时单桩极限承载力具体数值。分析可知，t=20d时，工程桩单桩极限承载力大于960kN，高于各工程桩终止压桩力，比值分别大于2.56、2.70、2.53，时间效应显著。本次工程桩竖向静载荷试验属验证性试验，未达到破坏，故此刻各工程桩单桩竖向极限承载力具体数值无法获取，因桩长及土层差异造成的单桩极限承载力极限值差别体现不明显，但其在一定程度上反映了沉桩完成后休止期内静压桩极限承载力随时间的变化规律。

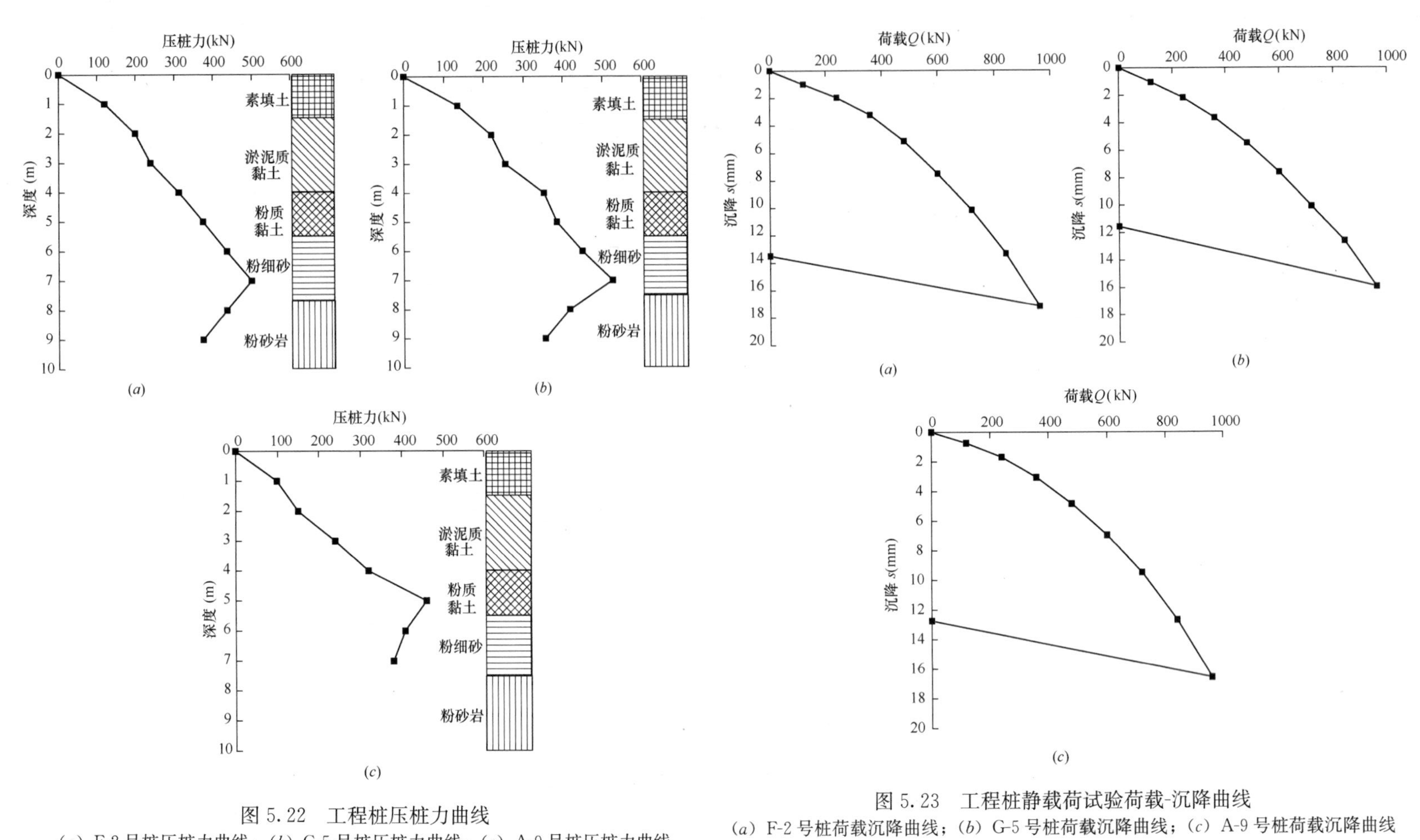

图 5.22 工程桩压桩力曲线

(a) F-2 号桩压桩力曲线；(b) G-5 号桩压桩力曲线；(c) A-9 号桩压桩力曲线

图 5.23 工程桩静载荷试验荷载-沉降曲线

(a) F-2 号桩荷载沉降曲线；(b) G-5 号桩荷载沉降曲线；(c) A-9 号桩荷载沉降曲线

工程桩竖向承载力值　　表 5.10

工程桩编号	最大加载值（kN）	单桩承载力极限值 Q（kN）	单桩承载力特征值（kN）	终止压桩力 P（kN）	最大沉降量 S_{max}（mm）	残余沉降量 S_{res}（mm）	S_{max}/S_{res}	Q/P
F-2 号	960	>960	>480	375	17.17	13.48	0.79	>2.56
G-5 号	960	>960	>480	355	15.93	11.56	0.73	>2.70
A-9 号	960	>960	>480	380	16.58	12.73	0.77	>2.53

5.5.3　基于灰色理论 PHC 管桩单桩极限承载力预测

沉桩完成后为校核桩基承载力是否满足工程要求而进行的单桩竖向静载荷试验均为验证性试验，以单桩承载力设计值两倍作为控制荷载，工程桩未达到破坏状态，如 5.5.1、5.5.2 节所示。工程桩施工前为桩基设计提供参考进行的静载荷试验为破坏性试验，此时试桩达到破坏状态，但有时因试桩桩径、桩长等原因部分试桩未达到破坏状态，因此在未达破坏状态下准确预测单桩极限承载力显得尤为重要。

预测单桩极限承载力的方法主要有：双曲线法、指数法、抛物线法、折线法及灰色理论预测法，其中以灰色理论预测法国内外应用最为广泛[207]，该方法最初由我国学者邓聚龙教授于 1982 年创立，后来被广泛应用于社会、经济、农业、工业和生物等领域。灰色系统理论以部分信息已知，部分信息未知的“小样本”“贫信息”不确定性系统为研究对象，主要通过对“部分”已知信息的生成、开发，提取有价值的信息，实现对系统运行行为、演化规律的正确描述和有效监控，同样适用于单桩极限承载力的预测。缓变型单桩静载荷试验 Q-S 曲线具有典型的灰指规律，其中荷载 Q 可作为灰信息，沉降 S 作为广义时间，利用非等步长 GM（1，1）模型进行建模预测，首先建立预测模型。

由已知静载荷试验 Q-S 曲线可确定初始的荷载序列及沉降序列为：

$$\left.\begin{aligned} Q^{(1)} &= [Q^{(1)}(1),Q^{(1)}(2),Q^{(1)}(3)\cdots\cdots,Q^{(1)}(n)] \\ S^{(1)} &= [S^{(1)}(1),S^{(1)}(2),S^{(1)}(3)\cdots\cdots,S^{(1)}(n)] \end{aligned}\right\} \tag{5.2}$$

对上述序列进行一次累减可得如下新数列：

$$\left.\begin{aligned} Q^{(0)} &= [Q^{(0)}(1),Q^{(0)}(2),Q^{(0)}(3)\cdots\cdots,Q^{(0)}(n)] \\ S^{(0)} &= [S^{(0)}(1),S^{(0)}(2),S^{(0)}(3)\cdots\cdots,S^{(0)}(n)] \end{aligned}\right\} \tag{5.3}$$

其中 $Q^{(0)}$（i），$S^{(0)}$（i）如式（5.4）所示，i=1，2，3……n；

$$\left.\begin{aligned} Q^{(0)}(i) &= Q^{(1)}(i) - Q^{(1)}(i-1) \\ S^{(0)}(i) &= S^{(1)}(i) - S^{(1)}(i-1) \end{aligned}\right\} \tag{5.4}$$

建立 GM（1，1）的一阶微分方程如式（5.5）所示，其中 t、w 为待确定参数。

$$\mathrm{d}Q^{(1)}/\mathrm{d}S = w - tQ^{(1)} \tag{5.5}$$

戚科骏等（2004）[208]利用最小二乘法给出了微分方程式（5.5）的解析解：

$$\hat{Q}^{(1)}(k+1) = \left[Q^{(1)}(1) - \frac{w}{t}\right]e^{-t[S^{(1)}(k+1)-S^{(1)}(1)]} + \frac{w}{t} \tag{5.6}$$

$$\hat{S}^{(1)}(k+1) = S^{(1)} - \frac{1}{t}\ln\left|\frac{Q^{(1)}(k+1) - \frac{w}{t}}{Q^{(1)}(1) - \frac{w}{t}}\right| \tag{5.7}$$

公式（5.6）、式（5.7）中$\hat{Q}^{(1)}$（k+1）为第（k+1）级桩顶荷载预测值；$\hat{S}^{(1)}$（k+1）为第（k+1）级桩顶沉降预测值；已知控制变量（桩顶沉降或者桩顶荷载），可预测另一变量（桩顶荷载或桩顶沉降）。对于缓变型桩基静载荷曲线，以桩顶沉降 S=40mm 作为控制变量，可以获得单桩承载力极限值。

灰色理论预测精度需进行检验。对于验证性静载荷试验，桩土相互作用未完全发挥，未达到极限状态；对于破坏性静载荷试验，相互作用达到极限状态，预测结果偏大，应对其修正。通过 Matlab 程序对 5.5.1、5.5.2 节工程桩已有数据进行修正，所得结果如表 5.11 所示。

灰色理论预测结果 **表 5.11**

桩号	桩顶最终沉降量（mm）	校正系数	$Q_{u,prd}/Q_{max}$	Q_{max}	$Q_{u,prd}$	$Q_{u,prd}/P$
36 号	14.55	0.73	1.06	3300	3498	2.15
43 号	12.38	0.72	1.10	3300	3630	2.07
18 号	8.38	0.70	1.21	3300	3993	2.06
F-2 号	17.17	0.80	1.05	960	1008	2.69
G-5 号	15.93	0.77	1.03	960	988.8	2.78
A-9 号	16.58	0.78	1.18	960	1132.8	2.98

注：Q_{max}——静载荷试验最大加载量（kN）；$Q_{u,prd}$——单桩预测极限承载力（kN）；P——工程桩最终压桩力（kN）。

由上述实例可知，虽然青岛地区静载荷试验未做到破坏，场区土层分布也不同于杭州富阳地区，但静载荷试验结果一定程度上也说明了青岛地区静压桩承载力相比最终压桩力增长增幅较大，时间效应显著。

5.6 预制桩波速随休止时间增长现象分析

沉桩结束后基桩波速及动刚度随休止时间呈增长的趋势，变化规律与桩基承载力变化规律类似，因此众多学者试图建立两者之间的关系。张明义等（2008）[209]通过砂土-风化岩地基中钻孔灌注桩抗拔承载力时效性研究发现，沉桩完成后动刚度变化规律与承载力时间效应变化规律类似，前期增长较快，后期增长缓慢，在预制管桩中同样发现了上述现象[210]。休止期内预制桩波速及动刚度变化从侧面反映了桩基承载力的变化，如能建立两者之间的联系将具有重要的工程意义。

5.6.1 PHC 管桩动测试验

试验地点位于青岛平度，场区工程地质概况如表 5.8 所示。沉桩结束后分别于 0d、20d 进行动测，记录动刚度及波速变化情况，如表 5.12 所示。可见休止期 20d 时预制桩动刚度、波速均有一定幅度提高，但因数据有限难以给出两者变化的确定关系。

动测指标随时间变化情况　　表 5.12

桩编号	桩型号	桩长（m）	动刚度（kN/mm）			波速（m·s^{-1}）		
			t=0	t=20d	提高幅度（%）	t=0	t=20d	提高幅度（%）
36 号	PHC-A40（75）	8	317	398	25.6	3576	3699	3.4
43 号	PHC-A40（75）	10	384	428	10.9	3950	4293	8.9
18 号	PHC-A40（75）	13	238	284	19.3	4083	4277	4.8

5.6.2　基于扩大头异形桩基桩动测试验

试验场区位于杭州富阳，工程地质概况如表 2.1 所示。PJ4、PJ6 沉桩结束后未进行复压，间隔一定时间进行动测，观察预制桩波速随休止时间变化情况，如表 5.13 所示。可见，试桩 PJ4 休止期内波速提高幅度达 8.1%，变化幅度显著。扩大头异形桩侧摩阻力较小，桩周土对桩侧约束较小，波速变化不显著，说明预制桩波速的提高主要受桩侧土体影响，与桩基承载力时效性机理一致。图 5.24 为休止期内 PJ4 波速随时间变化规律，由图可看出，休止期内试桩 PJ4 波速前期增长快，后期增长缓慢，与桩基承载力变化规律一致。可知，预制桩波速变化是桩基承载力变化的外在表现，两者具有一定的内在联系。

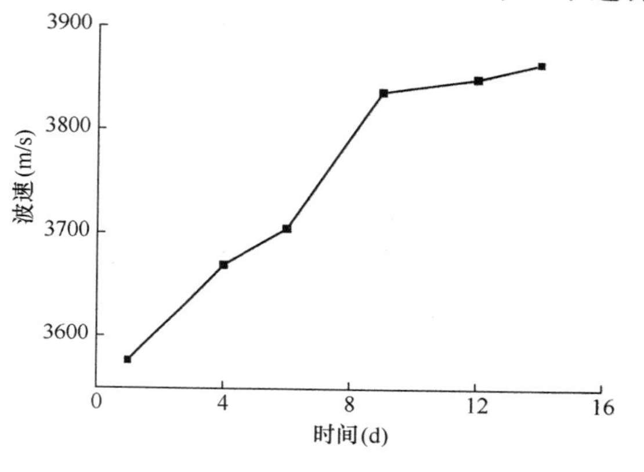

图 5.24　休止期内 PJ4 波速变化规律

PJ4、PJ6 波速随时间变化规律　　表 5.13

试桩编号	试桩型号	桩长（m）	波速（m·s^{-1}）						
			t=1d	t=4d	t=6d	t=9d	t=12d	t=14d	提高幅度（%）
PJ4	PHC-A40（75）	13	3576	3670	3705	3837	3850	3865	8.1%
PJ6	PHC-A40（75）（扩大头）	13	3939	3900	3926	3993	3939	3939	在 3900 左右浮动，提高幅度不显著

5.6.3　基桩动测指标与承载力相关性分析

研究表明，影响预制桩波速及动刚度变化的因素主要有：（1）混凝土强度及其配比；（2）预制桩成型高温养护方式；（3）预制桩参数，如密度、弹性模量及泊松比；（4）混凝土含水量及其沉桩结束后所处环境含水量变化；（5）预制桩边界条件，即垂直于预制桩尺寸的变化。对于特定桩型，（1）、（2）、（3）等均为定量，不发生变化。影响试桩波速变化的主要因素归因于预制桩沉桩完成后所处环境含水量变化及桩周尺寸变化。张明义等(2006)[211]认为预制桩周围环境含水量的变化所需时间较短，不足以影响预制桩长期波速的变化，沉桩完成后预制桩边界尺寸的变化是主要因素。如第 3 章所述，沉桩完成后桩周会形成围绕桩身的硬壳层（重塑区），其在一定程度上加大了桩身截面大小，而硬壳层休止期内土性的变化对桩基承载力时效性具有重要影响，预制桩波速变化是桩基承载力时效性的外在表现。

徐攸在（1992[212]，1993[213]）研究表明，基桩动刚度能够反映休止期内桩基承载力的变化，但两者之间关系不是很明确。由表5.12可以看出，波速与动刚度提高具有一定相关性，因此波速变化一定程度上反映了桩基承载力的变化。需要说明的是，只有取得了足够多的工程实测资料后，才能将预制桩动刚度及波速变化与桩基承载力变化关系应用于工程实际，特别在已知终止压桩力情况下配合波速变化可以方便地获取桩基承载力的变化。

5.7 侧摩阻力时效性室内试验分析

5.7.1 试验设置

试验所用仪器如图3.7所示。试验用土样均取自试验场区，与3.3节土样制备一致，将其分为4组土样，土样1（粉质黏土）、土样2（砂质粉土）、土样3（淤泥质黏土）、土样4（粉质黏土）进行侧摩阻力时效性试验研究。试验安装方法如同3.3节，土样静置一段时间（0d、0.5d、1d、7d）后在法向应力200kPa作用下进行剪切试验，记录剪切过程中摩阻力最大值f_{max}。试验过程持续时间较长，为保持试验过程中土样含水量不变，土样一次制备成型且放于保湿器中保湿，待试验时取用。土样静置过程中，为防止水分挥发对试验结果造成影响，在剪切盒周围盖上湿布防止水分挥发。

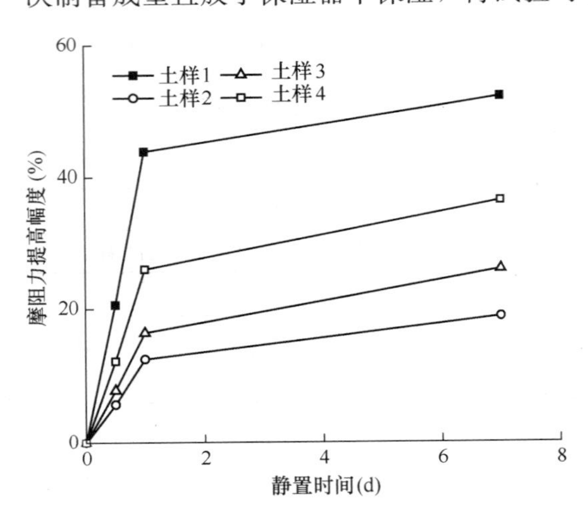

图5.25 摩阻力随时间增长变化曲线

5.7.2 试验结果与分析

表5.14给出了摩阻力时效性试验结果。经过一段时间静置后，砂质粉土（土样2）摩阻力提高不大，粉质黏土（土样1、4）及淤泥质黏土（土样3）摩阻力提高幅度较大，时效性显著。依据表中结果，按照横坐标为时间，纵坐标为滑动摩阻力提高幅度，作出滑动摩阻力随时间变化曲线，如图5.25所示。可见，变化曲线前期增长快，后期增长慢，逐渐趋于稳定，与现场足尺桩极限承载力变化规律类似。

摩阻力时效试验结果　　表5.14

土样编号	法向压力(kPa)	静置时间(d)	最大起动阻力(kPa)	$d=0$时滑动阻力(kPa)	提高幅度(%)
1	200	0.5	81.82	64.87	20.61
2	200	0.5	103.85	98.21	5.74

续表

土样编号	法向压力（kPa）	静置时间（d）	最大起动阻力（kPa）	$d=0$ 时滑动阻力（kPa）	提高幅度（%）
3	200	0.5	104.51	96.94	7.81
4	200	0.5	103.43	92.23	12.14
1	200	1	97.59	64.87	43.86
2	200	1	110.43	98.21	12.44
3	200	1	112.85	96.94	16.41
4	200	1	116.06	92.23	25.84
1	200	7	103.27	64.87	52.23
2	200	7	116.64	98.21	18.77
3	200	7	121.93	96.94	25.78
4	200	7	125.76	92.23	36.36

5.8　本章小结

本章在总结分析静压桩时效性机理的基础上，结合隔时复压试验及静载荷试验对桩基承载力时间效应进行了研究，借助于室内滑动摩擦试验对桩侧滑动摩阻力时效性进行了阐述，得出了一些有益结论，现总结如下：

（1）桩基承载力时效性不仅存在于黏性土地基中，砂性土中桩基承载力随沉桩时间同样有增大的趋势。桩基承载力时效性可以划分为三个阶段：超孔隙水压力随时间对数呈非线性增长的阶段，超孔隙水压力随时间对数呈线性增长的阶段及土体老化阶段。三阶段桩基承载力时效性均与桩周土体触变性、土壳效应及蠕变效应密切相关。

（2）隔时复压试验充分利用静力压桩机方便移动的特点对基桩进行复压，以起动压力峰值作为此刻桩基广义极限承载力。相比静载荷试验，隔时复压试验测试点灵活，能够获取较短时间内桩基承载力增长规律。

（3）杭州富阳地区隔时复压试验表明，软黏土地区桩基承载力时效性显著。沉桩结束284h后，桩端位于非硬质土层试桩桩基承载力提高约150%，桩侧摩阻力每对数循环增长59 %，各土层时间效应系数分别为0.39、0.46、0.89、0.69；桩端位于硬质土层桩基承载力提高不明显，约为19.8%～42.3%，桩侧摩阻力总时效系数较小，约为0.16，各土层时间效应系数分别为0.84、1.15、0.66、1.05、1.09。桩基承载力提高主要取决于桩侧摩阻力，桩端阻力贡献有限。

（4）基桩动测试验表明，沉桩结束20d后，预制桩动刚度提高幅度介于10.9%～25.6%之间，波速提高幅度介于3.4%～8.9%之间。预制桩波速前期变化快，后期增长慢，与桩基承载力时效性变化规律一致。常规PHC管桩及扩大头异形桩动测结果对比显示，预制桩波速提高主要依赖于桩侧土作用，桩侧土参与程度越高，波速提高越快，为进一步研究波速与桩基承载力提高奠定基础。

（5）桩侧摩阻力时效性室内试验结果表明，在法向应力 200kPa 作用下，静置 7d 砂质粉土侧摩阻力增长 18.77%，时效性不明显；粉质黏土及淤泥质黏土摩阻力提高幅度达 52.23%、25.78%，时间效应比较显著。滑动摩阻力随时间变化曲线前期增长快，后期增长慢，与现场足尺桩极限承载力变化规律类似。

第6章 结论与展望

6.1 本书研究成果

静压开口混凝土管桩沉桩阻力及承载力性状受土塞效应、挤土效应、残余应力及时间效应影响较大，各施工效应相互作用，相互影响，共同制约着静压桩沉桩性状及后期承载力的变化，而沉桩前单桩极限承载力的估算是优选终压控制标准的关键，沉桩过程中桩端阻力及桩侧摩阻力的分离是制约静压桩后期性状研究的瓶颈。本课题在国家自然科学基金“静压管桩沉桩阻力及承载力全过程试验研究与仿真”（51078196）及教育部高等学校博士学科点专项科研基金“基于桩身应力测试的静压PHC管桩研究”（20093721110002）等课题的资助下通过桩身预埋准分布式FBG光纤传感器的现场足尺试验，成功分离了贯入过程中桩端阻力及桩侧摩阻力，创新性地提出了分离沉桩阻力的扩大头异形桩试验方法，基于现场静载荷试验对双桥静力触探估算单桩极限承载力的经验公式修正系数进行了量化，全面系统地对开口混凝土管桩施工残余应力及承载力变化全过程进行了阐述，主要研究结论如下：

1. 分析了黏性土地基、砂性土地基及成层土地基中静压桩沉桩性状的不同，利用准分布式FBG光纤传感技术，成功对静压桩贯入成层土地基中桩侧摩阻力及桩端阻力进行了分离，获得了桩身应力及桩端阻力随贯入深度的变化曲线，揭示了开口混凝土管桩荷载传递性状及沉桩阻力变化特征。同时，结合工程实际情况，提出了更简便地分离桩端阻力的扩大头异形桩试验方法，并对其进行了验证。研究发现：

(1) 贯入黏性土地基时，静压桩桩周土体超孔隙水产生及消散、触变性及土壳效应对休止期内单桩极限承载力发展具有重要影响；砂性土地基中静压开口混凝土管桩沉桩性状则主要取决于砂土挤密效应、蠕变效应及松弛效应；成层土地基的贯入阻力主要取决于桩尖上、下截面软土层强度的平均值。静压桩贯入过程中沉桩阻力大小主要取决于地层软硬程度，压桩力随贯入深度的变化曲线一定程度上反映了地层土性变化情况。

(2) 准分布式FBG光纤传感技术现场布设工艺简单，传感器性能稳定，成活率高，分离沉桩阻力效果较好。试桩贯入过程中侧摩阻力变化不显著，没有观察到明显的侧阻退化及临界深度现象。成层土地基中侧阻退化及临界深度现象因深度方向土层变化表现不明显，主要存在于砂土地基及室内模型试验。

(3) 扩大头异形桩分离桩端阻力及桩侧摩阻力效果较好，该方法简便易行，能够满足工程实际需求。黏性土地基中扩大头异形桩（5cm桩端外扩尺寸）侧摩阻力占沉桩阻力比例约为10%，按照桩端面积折减后桩端阻力计算值与实测值吻合较好，误差约为18.4%；粉土地区扩大头异形桩（3cm桩端外扩尺寸）试验效果较好。扩大头异形桩分离沉桩阻力效果与施工桩长、桩径、桩周土层地质情况、扩大头外扩尺寸等因素密切相关。

2. 从侧摩阻力及端阻力两方面比较分析了静力触探与静压桩沉桩性状的差异，并就静力触探估算单桩极限承载力进行了可行性分析。通过现场足尺试验及室内物理力学试验，研究了桩周重塑区土体性状相比原状土变化规律，揭示了其对单桩极限承载力的影响。同时，采用改进的恒面积剪切试验仪，揭示了室内桩土摩擦性状变化。结合成层土地基中足尺桩静荷载试验，阐述了开口混凝土管桩的荷载传递性状和承载力发挥特征。基于试验成果对双桥静力触探估算单桩极限承载力经验公式修正系数进行了量化。研究发现：

（1）静压桩沉桩完成后重塑区、过渡区及非扰动区分界明显，土体性状变化显著。粉质黏土层重塑区厚度最大，约为 28mm，砂质粉土层次之，淤泥质黏土层厚度最小，约为 6mm，同一土层重塑区厚度因上覆土体压力影响自上至下依次减小。相比原状土，完全重塑区土体比重不变，重度、黏聚力、内摩擦角等参数增大，含水量降低幅度达 6.73%，土性参数变化符合上小下大分布规律，表明贯入过程中桩周土体受到剧烈挤压。

（2）桩土间极限滑动摩阻力与土体类型及法向应力有关，桩周土强度越高，桩土间法向应力越大，滑动摩阻力越大。同一法向应力作用下，桩土摩擦系数大小制约着滑动摩阻力的大小。试验场区粉质黏土层、砂质粉土层、淤泥质黏土层桩土摩擦角分别为 28.34°、28.93°、27.83°，底层粉质黏土桩土间摩擦角最小，约为 21.91°。

（3）桩端位于非硬质土层试桩桩身荷载传递性状由纯摩擦桩向端承摩擦桩过渡，桩侧摩阻力随桩土相对位移呈现双曲线变化规律。桩体破坏时，桩侧摩阻力及桩端阻力所占桩顶荷载比例分别为 77.8%、22.2%；除填土层外，单位桩侧摩阻力极值均大于规范建议值，规范取值较为保守。对于粉质黏土层及砂质粉土层而言，桩侧摩阻力完全发挥所需桩土位移约为 $0.0106D \sim 0.0187D$（D 为桩径）。

3. 全面系统分析了静压开口混凝土管桩施工残余应力的产生及作用机理，并利用准分布式 FBG 光纤传感技术对现场足尺桩施工残余应力进行了监测，揭示了贯入过程中施工残余应力分布特征及对桩基承载力的影响，同时对休止期内桩身残余应力的时间效应进行了分析。研究发现：

（1）沉桩过程中施工残余应力随荷载循环次数增加不断积累，于中性面处到达峰值。中性面位置 Z_n 与桩体贯入深度 L_p 比值 Z_n/L_p 介于 0.66～0.92 之间，平均值约为 0.8，与桩长径比及施工方法关系不大，开口 PHC 管桩桩身残余应力及残余负摩阻力分布符合折线型假设。随沉桩荷载循环次数增加，桩身残余负摩阻力逐渐积累，增长幅度介于 2.0%～41.25%之间。受沉桩过程中桩侧摩阻力退化效应影响，某固定土层深度处残余负摩阻力随沉桩循环次数有衰退的趋势。

（2）桩端残余应力大小与桩端持力层性状及终止压桩力密切相关。桩端位于非硬质土层试桩桩端残余应力介于 0.34～0.48MPa 之间；桩端位于硬质土层试桩桩端残余应力介于 1.28～1.39MPa 之间，桩端持力层越密实，卸载后对桩端约束越大，桩端残余应力越大。虽然桩端残余应力差别较大，但桩端残余应力与终止压桩应力比值 q_{pr}/p_j 介于 0.033～0.101 之间，处于同一数量级，说明终止压桩力越大，桩端残余应力越大。

（3）对于单桩竖向抗压静载荷试验，忽略桩身残余应力将高估中性面以上桩侧摩阻力约 53.46%，低估中性面以下桩侧摩阻力约 56.62%，低估桩端阻力约 10%；桩身残余应力对单桩承载力性状具有重要影响，制约着其荷载传递及承载力变化性状。

（4）沉桩结束后休止期内开口 PHC 管桩桩身残余应力有减小的趋势。沉桩结束 284h

内试桩中性面处桩身残余应力降低幅度介于 3.2%～29.88%之间，桩端残余应力降低幅度介于 10.78%～32.39%之间，随着休止时间的增加，趋于稳定。

4. 通过现场隔时复压试验及静载荷试验揭示了开口混凝土管桩休止期内单桩承载力变化规律，并通过动测理论指出预制桩波速及动刚度变化与桩基承载力时间效应具有一定关联，同时结合室内滑动摩擦试验对桩侧摩阻力时间效应进行了阐述。研究发现：

（1）沉桩结束 284h 后，桩端位于非硬质土层试桩承载力提高约 150%，桩侧摩阻力提高幅度约为 391.62%～581.87%，桩端阻力提高约为 6.28%～11%。桩基承载力每对数循环增长 59%，各土层时间效应系数分别为 0.39、0.46、0.89、0.69；桩端位于硬质土层试桩桩基承载力提高幅度介于 19.8%～42.3%之间，桩侧摩阻力提高分别为 47.3%、188.2%，桩端阻力提高约 1.5%。桩基总时效系数较小，约为 0.16，各土层对应时效性系数分别为 0.84、1.15、0.66、1.05、1.09。单桩极限承载力的提高主要取决于桩侧摩阻力的提高，桩端阻力贡献有限。

（2）沉桩结束 20d 达破坏状态试桩承载力提高幅度约为最终压桩力的 1.70～2.70 倍，承载力时效性显著；预制桩动测数据表明，休止期内波速及动刚度变化与桩基承载力变化呈正相关关系，波速提高主要依赖桩侧土作用，桩侧土参与程度越高，波速提高越快。

（3）相比初始滑动摩阻力，静置 7d 后室内恒面积剪切试验所得 200kPa 法向应力作用下粉质黏土层滑动摩阻力提高幅度较大，约为 36.36%～52.23%，时间效应显著；淤泥质黏土层提高幅度为 25.78%，砂质粉土层提高幅度最小，约为 18.77%，变化规律一定程度上反映了桩基承载力变化。

6.2　主要创新点

（1）首次将准分布式光纤光栅传感技术应用于静压开口 PHC 管桩性状测试，成功实现了贯入阻力的分离，提出了应用于工程实际的扩大头异形桩分离沉桩阻力的试验方法；实现了开口 PHC 管桩贯入过程中桩身残余应力的监测，揭示了沉桩结束后休止期内其发展变化规律；

（2）在桩身预埋 FBG 光纤传感器静载荷试验基础上，揭示了开口混凝土管桩荷载传递机理，对双桥静力触探估算单桩极限承载力经验公式修正系数进行了量化；

（3）基于隔时复压试验，通过光纤传感测试技术揭示了桩端位于硬质土层及非硬质土层开口 PHC 管桩承载力变化规律，实现了各土层时间效应系数的定量计算。

6.3　进一步研究建议

6.3.1　沉桩阻力分离的进一步细化

沉桩过程中桩侧摩阻力及桩端阻力的分离制约着桩基承载力全过程的研究。现场足尺试验表明，准分布式 FBG 光纤传感技术分离沉桩阻力效果较好，但受 FBG 传感器自身尺寸大小的影响，传感器不能恰好在桩底端布设，分离得到的桩端阻力包含贯入过程中的土塞阻力，桩侧摩阻力为内、外侧摩阻力之和。桩身预开槽破坏了桩身完整性，对桩身弹性模量造成一定程度影响，试验结果精度有待于进一步提高。裸光纤的应用一定程度上解决了上述问题，裸露的 FBG 传感器体积小，安装时对桩身破坏程度小，能够尽可能准确地获得贯入过程中桩底端阻力、土塞阻力、桩身外壁摩阻力及内壁摩阻力，进而获得桩身外壁残余应力及内壁残余应力。图 6.1、图 6.2 分别表示裸光纤示意图及其安装示意图。通过图 6.3 所示测试装置对贯入过程中土塞增长率 *IFR* 及土塞率 *PLR* 进行测试，对土塞阻力单独研究，进一步探讨开口 PHC 管桩内壁残余应力及残余土塞阻力的机理。

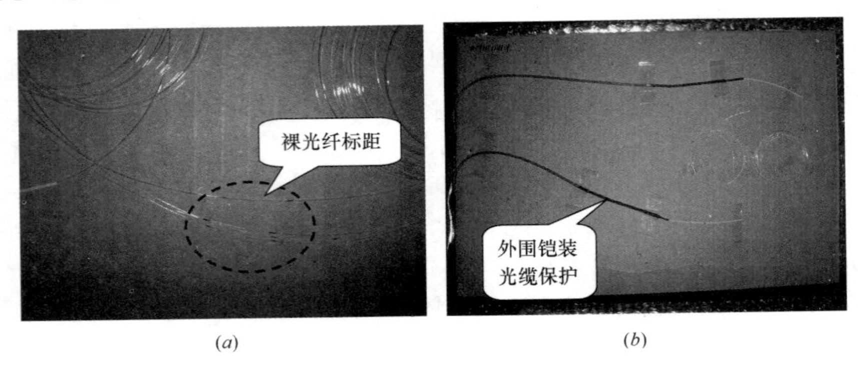

图 6.1　裸光纤示意图

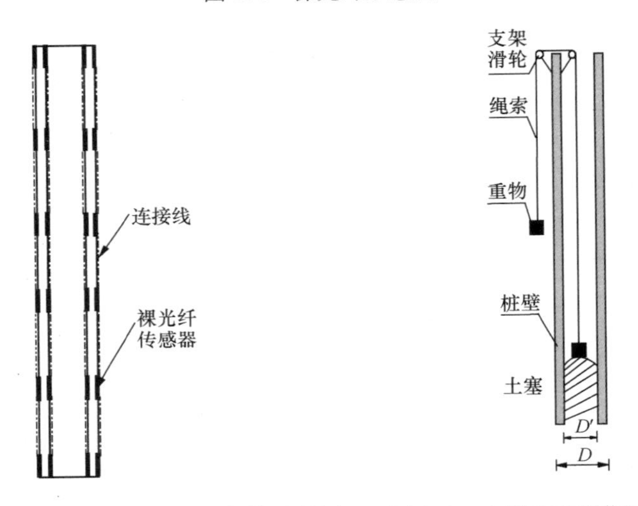

图 6.2　开口混凝土管桩裸光纤安装示意图　　图 6.3　土塞动态变化测试装置

6.3.2　贯入过程桩身回弹量与残余应力关系的建立

静压桩完成一次单程压桩或压桩完毕桩箍松开后桩身回弹，回弹量与侧摩阻力、桩长及压桩力有关。侧摩阻力越小，桩身越长，压桩力越大，回弹量就越大，有时可达几十毫米。贯入过程中可通过桩土平面处手持笔画线的方法获得每次单程压桩结束后桩身回弹量，以此建立桩身残余应力与桩身回弹量、压桩行程、压桩循环次数及压桩力大小的关系，对常规静载荷试验结果进行修正。

参 考 文 献

[1] Kerisel J. History of geotechnical engineering up until 1700[C]. Proceddding of international conference on soil mechanics and foundation engineering, San Francisco, 1985.

[2] Salgado R. Design of piles in sand based on CPT results[C]. Proceeding of 10th American Conference on Soil Mechanics and Foundation Engineering, Guadalajara 1995, (3): 1261～1274.

[3] 史佩栋．实用桩基工程手册[M]. 北京：中国建筑工业出版社，1999.

[4] 沈保汉．第十八讲：静压桩[J]. 施工技术，2001，30(10)：40～42.

[5] 龚茂波，杨光．关于静压桩适用条件的探讨[J]. 沙铁道学院学报，1998，16(4)：108～112.

[6] 武力，文君，燕建龙．静压桩沉桩问题浅析[J]. 西部探矿工程，2001，S1：8～9.

[7] 李林涛，易绪恒，赵海生．静压桩的荷载-沉降特性动、静载荷试验结果分析[J]. 建筑科学，2003，19(1)：44～47.

[8] 韩选江．静压桩的压桩力荷承载力的试验研究[J]. 建筑结构学报，1996，17(6)：71～77.

[9] 陈金洪，吴军，雷鹏．静压桩机在武汉地区的应用[J]. 土工基础，2001，15(3)：49～51.

[10] Gue & Partners. "Specification for jack-in-piles. "Internet resources, 2002.

[11] 张明义，刘俊伟，于秀霞．饱和软黏土地基静压管桩承载力时间效应试验研究[J]. 岩土力学，2009，30(10)：3005～3009.

[12] 张岩，侯景岩，郝建民．静压桩在软土地基中的应用[J]. 沈阳建筑工程学院学报，1998，14(4)：376～379.

[13] 黄培锋．锚杆静压桩在桥梁基础加固中的应用[J]. 国外公路，2000，20(2)：26～28.

[14] 刘万兴，张璞．锚杆静压桩施工产生的附加沉降问题初探[J]. 岩土力学，2000，21(1)：88～91.

[15] 马景萍．静压桩托换技术在设备基础加固中的应用[J]. 建筑技术，2000，31(8)：548～549.

[16] 张璞，柳荣华．锚杆静压桩施工过程中的附加沉降问题及防范措施[J]. 工业建筑，2000，30(1)：31～33.

[17] 余琼，胡克旭．浅析锚杆静压桩处理地基时引起的建筑物沉降问题[J]. 工业建筑，2000，30(10)：76～78.

[18] 张忠苗．预应力管桩在杭州的应用[J]. 深基础工程实践与研究，1999：301～306.

[19] 郑刚．高等基础工程学[M]. 机械工业出版社，2007.

[20] Kerisel J. Fondations profondes, Annales de l'ITBTP, S'erie Sols et Fondations, No. 39, Paris, November 1962.

[21] Banerjee P K, Davis T G, Fathallah R C. Behavior of axially loaded driven piles in saturated clay from model studies [J]. Developments in Soil Mechanics and Foundation Engineering, 1982.

[22] 陈维家，胡逸群．用白光散斑法定量分析静力触探时土体的位移场[J]. 长沙铁道学院学报，1988，6(4)：88～95.

[23] White D. J. An investigation into the behavior of press-in piles [D]. Cambridge, UK: University of Cambridge, 2002.

[24] 胡立峰，龚维明，过超等．静压桩沉桩机理及承载力试验[J]. 解放军理工大学学报：自然科学版，2009，10(6)：610～614.

[25] 周健，邓益兵，叶建忠等．砂土中静压桩沉桩过程试验研究与颗粒流模拟[J]. 岩土工程学报，2009，31(4)：501～507.

[26] Broms, B. B. and Hellman, L. End bearing and skin friction resistance of piles[J]. Journalof the

Soil Mechanics and Foundations Division, ASCE, 1968, 94(SM2): 421～429.
[27] 张明义，邓安福．预制桩静力贯入层状地基的试验研究[J]. 岩土工程学报，2000，22(4): 490～492.
[28] 陈全福，简洪钰，许万强等．小截面静压预制桩的现场试验及其应用研究[J]. 岩土力学，2002，23(2): 213～216.
[29] 施峰．PHC管桩荷载传递的试验研究[J]. 岩土工程学报，2004，26(1): 95～99.
[30] 冷伍明，律文田，谢维鎏等．基桩现场静动载试验技术研究[J]. 岩土工程学报，2004，26(5): 619～622.
[31] Yu, F. Behavior of large capacity jacked piles [D]. Hong Kong, China: The University of Hong Kong, 2004.
[32] 张永雨．静力触探预估静压桩承载力的试验研究[D]. 郑州：郑州大学硕士论文，2006.
[33] 潘艳辉，石明生，葛明明等．钢筋计在PHC管桩中的试验方案分析[J]. 西部探矿工程，2007(11): 57～59.
[34] Abdul Aziz, H. M. & Lee, S. K. Application of Global Strain Extensometer Method for Instrumented Bored Piles in Malaysia[C]. Proceedings of 10th International Conference on Piling and Deep Foundations, Amsterdam, 2006, 669～767.
[35] 余小奎．分布式光纤传感技术在桩基测试中的应用[J]. 电力勘测设计，2006(6): 12～16.
[36] A. Klar, P. J. Bennett, K. Soga, R. j. Mair, et al. Distributed strain measurement for pile foundations [J]. Geotechnical Engineering, 2006, 159(3): 135～144.
[37] 宋建学，任慧志，赵旭阳等．大直径超长后注浆钢筋混凝土桩身应变分布式光纤检测[J]. 平顶山工学院学报，2007，16(6): 52～54.
[38] 魏广庆，施斌，余小奎等．BOTDR分布式检测技术在复杂地层钻孔灌注桩测试中的应用研究[J]. 工程地质学报，2008，16(6): 826～832.
[39] 邢皓枫，赵红崴，叶观宝等．PHC管桩工程特性分析[J]. 岩土工程学报，2009，31(1): 36～39.
[40] 王钟琦．我国的静力触探及动静触探的发展前景[J]. 岩土工程学报，2000，22(5): 517～522.
[41] 铁路触探研究组．静力触探确定打入混凝土桩的承载力[J]. 岩土工程学报，1979，1(1): 4～23.
[42] 王钟琦．岩土工程测试技术[M]. 北京：中国建筑工业出版社，1986.
[43] 陈继成．静力触探估算软土地区打入桩的单桩承载力的单桩承载力(双用探头)[J]. 岩土工程学报，1987，9(3): 55～70.
[44] 魏杰．静力触探确定桩承载力的理论方法[J]. 岩土工程学报，1994，16(3): 104～111.
[45] 刘俊龙．静力触探估算砂层中预制桩的单桩极限承载力[J]. 岩土工程师，2000，12(3): 7～10.
[46] 赵春风，蒋东海，崔海勇．单桩极限承载力的静力触探估算法研究[J]. 岩土力学，2003，24(S1): 408～410.
[47] 张明义，刘俊伟，王静静等．计算静压桩沉桩阻力的综合调节系数法[J]. 重庆建筑大学学报，2007，29(6): 35～38.
[48] 樊向阳，魏根群，马晓晴．上海地区单桥静力触探与双桥静力触探之间的关系[J]. 工程勘察，2007，9: 10～12.
[49] 刘永保．静力触探成果在预估单桩竖向极限承载力标准值中的应用[J]. 广西城镇建设，2009，4: 89～91.
[50] 俞峰，杨峻．砂土中钢管桩承载力的静力触探设计方法[J]. 岩土工程学报，2011，33(5): 657～659.
[51] 刘俊伟．静压开口混凝土管桩施工效应试验及理论研究[D]. 杭州：浙江大学博士论文，2012.
[52] De Ruiter, J., and Beringen, F. L. Pile foundation for large North Sea structures Marine structures

[J]. Marine Geotechnology, 1979, 3: 267~314.

[53] Bustamante, M., and Giansеslli, L. Pile bearing capacity prediction by means of static penetrometer CPT [C]. Pcoceedings of the 2nd European Symposium on PenetrationTesting. Amsterdam, the Netherlands, 1982, 493~500.

[54] Jardine R, Chow F, Overy R, et al. ICP design methods for driven piles in sands and clays [M]. London: ThomasTelford, 2005.

[55] Lehane B, Schneider J, Xu X. CPT based design of driven piles in sand for offshore structures [R]. GEO: 05345. Perth: University of Western Australia, 2005.

[56] Hunter A H, Davisson M T. Measurement of Pile Load Transfer [C]. Proceedings of Symposium onPerformance of Deep Foundations. San Francisco: ASTM Special Technical Publication, 1969: 106~117.

[57] Gregersen, O. S., Aas, G., and DiBiagio, E. Load tests on friction piles in loose [C]. Sand. Proceedings of the 8th International Conference on Soil Mechanics and FoundationEngineering, Moscow, 1973, Vol. 2. 1, 109~117.

[58] Cooke, R. W., and Price, G. Strains and displacements around friction piles[C]. Proceedings of the 8th International Conference on Soil Mechanics and Foundation Engineering, Moscow, 1973, Vol. 2. 1, 53~60.

[59] Cooke, R. W. Influence of residual installation forces on the stress transfer and settlement under working loads of jacked and bored piles in cohesive soils [J]. In Behaviour of deep foundations. Edited by R. Lundgren. American Society for Testing and Materials. Special Technical Publication STP 670, 1979, 231~249.

[60] Vesic A S. On the significance of residual loads for load response of piles[C]. Proceedings of the 9th International Conference on Soil Mechanics and Foundation Engineering. Tokyo: The Japanese Society of Soil Mechanics and Foundation Engineering, 1977, 374~379.

[61] Holloway, D. M., Clough, G. W., and Vesic, A. S. The effects of residual driving stress on piles performance under axial loads[C]. Proceedings of the Offshore Technology Conference, Houston, 1978, OTC 3306, 2225~2236.

[62] 张文超. 静压桩残余应力数值模拟及其对桩承载性状影响分析[D]. 天津: 天津大学硕士论文, 2007.

[63] Robert, Y. A few comments on pile design [J]. Canadian Geotechnical Journal, 1997, 34(4): 560~567.

[64] O'Neill, M. W., Hawkins, R. A., and Audibert, J. M. E. Installation of pile group in overconsolidated clay [J]. Journal of the Geotechnical Engineering Division, ASCE, 1982, 108, 1369~1386.

[65] Briaud, J. L., and Tucker, L. Piles in sand: a method including residual stresses [J]. Journal of Geotechnical Engineering, 1984, 110(11): 1666~1680.

[66] Goble, G. G., and Hery, P. Influence of residual forces on pile drivability[C]. In Proceedings of the 2nd International Conference on the Application of Stress Wave Theory to Piles, Stockholm, 1984, 154~161.

[67] Rieke, R. D., and Crowser, J. C. Interpretation of pile load test considering residual stresses [J]. Journal of Geotechnical Engineering, 1987, 113(4): 320~334.

[68] Poulos, H. G. Analysis of residual stress effects in piles [J]. Journal of Geotechnical Engineering, 1987, 113(3): 216~229.

[69] Darrag, A. A., and Lovell, C. W. A simplified procedure for predicting residual stresses for piles [C]. Proceedings of the 12th International Conference on Soil Mechanics and Foundation Engineering. Rio de Janeiro, 1989, 1127～1130.
[70] Randolph, M. F., Leong E. C., and Houlsby, G. T. One-dimensional analysis of soil plugs in pipe piles [J]. Géotechnique, 1991, 41(4): 587～598.
[71] Kraft, L. M. J. Performance of axially loaded pipe piles in sand [J]. Journal of Geotechnical Engineering, ASCE, 1991, 117(2): 272～296.
[72] Altaee, A., Fellenius, B. H. and Evgin, E. Axial load transfer for piles in sand, Ⅰ: tests on an instrumented precast pile [J]. Canadian Geotechnical Journal, 1992a, 29(1): 11～20.
[73] Fellenius, B. H. Determining the resistance distribution in piles, Ⅰ: notes on shift of no-load reading and residual load [J]. Geotechnical News Maganize, 2002a, 20(2): 35～38.
[74] Danziger, B. R., Costa, A. M., Lopes, F. R., et al. Back-analyses of closed-end pipe piles for an offshore platform[C]. Proceedings of the 4th International Conference on the Application of Stress-Wave Theory to Piles, The Hague, 1992, Vol. 1, 557～562.
[75] Costa, L. M., Danziger, B. R., and Lopes, F. R. Prediction of residual driving stresses in piles [J]. Canadian Geotechnical Journal, 2001, 38(2): 410～421.
[76] Massad, F. The interpretation of load tests in piles, considering the residual point loads and the skin friction reversion. Part I. Relatively homogeneous soils Sao Paulo [J]. Revista Solos e Rochas, 1992. 15(2): 103～115.
[77] Maiorano, R. M. S., Viggiani, C., and Randolph, M. F. Residual stress system arising from different methods of pile installation[C]. Proceedings of the 5th International Conference on the Application of Stress-Wave Theory to Piles, Orlando, 1996, Vol. 1, 518～528.
[78] Alawneh, A. S., Nusier, O., Husein Malkawi, A. I., et al. Axial compressive capacity of driven piles in sand: a method including post-driving residual stresses [J]. Canadian Geotechnical Journal, 2001, 38(2): 364～377.
[79] Paik, K., Salgado, R., Lee J., et al. Behavior of open- and closed-ended piles driven into sands [J]. Journal of Geotechnical and Geoenvironmental Engineering, 2003, 129(4): 296～306.
[80] 张明义．层状地基上静力压入桩的沉桩过程及承载力的试验研究[D]．重庆：重庆大学博士论文，2001.
[81] Zhang, L. M., and Wang, H. Development of residual forces in long driven piles in weathered soils [J]. Journal of Geotechnical and Geoenvironmental Engineering, 2007, 133(10): 1216～1228.
[82] 寇海磊．静压桩连续贯入的模拟与承载力全过程研究[D]．青岛：青岛理工大学硕士论文，2008.
[83] Zhang, L. M. and Wang, H. Field study of construction effects in jacked and driven steel H-piles [J]. Geotechnique, 2009, 59(1): 63～69.
[84] 俞峰，谭国焕，杨峻等．静压桩残余应力的长期观测性状[J]．岩土力学，2011，32(8)：2318～2324.
[85] 俞峰，谭国焕，杨峻等．粗粒土中预制桩的静压施工残余应力[J]．岩土工程学报，2011，33(10)：1526～1536.
[86] 刘俊伟，俞峰，张忠苗．沉桩方法对预制桩施工残余应力的影响[J]．天津大学学报，2012，45(6)：481～486.
[87] 刘俊伟，俞峰，张忠苗等．基于能量守恒的预制桩施工残余应力模拟[J]．岩土力学，2012，33(4)：1227～1232.
[88] Terzaghi, K., and Peck, R. B. Soil Mechanics in Engineering Practice [M]. New York: John Wi-

ley & Sons, 1948.

[89] L. M. P. Shek, L. M. Zhang and H. W. Pang. Set-up effect in long piles in weathered soils [J]. Geotechnical Engineering, 2006, 159(3): 145～152.

[90] 李雄，刘金砺．饱和软土中预制桩承载力时效研究[J]. 岩土工程学报，1992，14(4)：9～16.

[91] 张新奎，刘京义．预制桩短期时间效应的初步探讨[J]. 电力勘测，2000，28 (4)：22～24.

[92] 张明义，时伟，王崇革等．静压桩极限承载力的时效性[J]. 岩土力学与工程学报，2002，12 (2)：2601～2604.

[93] 王戍平．深厚软土中 PHC 长桩的时效性试验研究[J]. 岩土工程学报，2003，25(2)：239～241.

[94] Long, James H., Kerrigan, John A., and Wysockey, Michael H. Measured time effects for axial capacity of driven piling[R]. Transportation Research Record 1663, Paper No. 99-1183, 1999, 8～15.

[95] Skov, Rikard and Denver, Hans. Time-dependence of bearing capacity of piles [C]. Proceedings 3rd International Conference on Application of Stress-Waves to Piles, 1988, 1～10.

[96] Thompson, C. D. and Thompson, D. E. Real and apparent relaxation of driven piles [J]. Journal of Geotechnical Engineering, 1985, 111(2): 225～237.

[97] York, D. L., Brusey, W. G. Clemente, F. M., et al. Setup and relaxation in glacial sand [J]. Journal of Geotechnical Engineering, 1994, 120(9): 1498～1511.

[98] Edward P. Heerema. Predicting pile diveability: Heather as an illustratioon of the "friction fatigue" theory [J]. Ground Engineering, 1980, 13(3): 15～20.

[99] 张明义．静力压入桩的研究与应用[M]. 北京：中国建材工业出版，2004.

[100] Hill K O, Fujii Y., Johnson D C., et al. Photosensitivity in optical fiber waveguide: application to reflection filters fabrication [J]. Applied Physics Letters, 1978, 32(10): 647～649.

[101] Meltz G, Morey W W, Gkenn W H. Formation of Bragg gratings in optical fibers by a transverse holographic method [J]. Optics Letters, 1989: 14(15), 823～825.

[102] Idriss R L. Monitoring of a smart bridge with embedded sensors during manufacturing, construction and service[C]. Proceedings of the 3rd International Workshop on Structural Health Monitoring, 2001, 604～613.

[103] Udd E, Kunzler M, Layor M H, et al. Fiber grating systems for traffic monitoring [C]. Proceedings of SPIE, Health Monitoring and Management of Civil Infrastructure Systems, 2001, 510～514.

[104] Inaudi D. Application of optical fiber sensor in civil structural monitoring[C]. Proceedings of SPIE, Fiber Optic Sensors and Their Application I, 2001, 1～10.

[105] Kronenberg P, Casanova N, Inaudi D, et al. Dam monitoring with fiber optics deformation sensors [C]. Proceedings of SPIE, Smart Structures and Materials, 1997, 2～11.

[106] 欧进萍，周智，武湛君等．黑龙江呼兰河大桥的光纤光栅智能监测技术[J]. 土木工程学报，2004，37(1)：45～50.

[107] Hisham Mohamad, Peter J. Bennett, Kenichi Soga, et al. Distributed Optical Fiber Strain Sensing in a Secant Piled Wall [C]. Seventh International Symposium on Field Measurements in Geomechanics, ASCE, 2007.

[108] Hong Cheng-yu, YIN Jian-hua, JIN Wei, et al. Comparative study on the elongation measurement of a soil nail using optical lower coherence interferometry method and FBG method[J]. Advances in Structural Engineering -An International Journal, 2010, 13(2): 309～319.

[109] Zhu H H, Yin J H, Zhang L, et al. Monitoring internal displacements of a model dam using inno-

vative FBG sensing bars [J]. Advances in Structural Engineering -An International Journal, 2010, 13(2): 249~261.

[110] 朱鸿鹄，殷建华，靳伟等．基于光纤光栅传感技术的地基基础健康监测研究[J]. 土木工程学报，2010，43(6)：109~115.

[111] 裴华富，殷建华，朱鸿鹄等．基于光纤布拉格光栅传感技术的边坡原位测斜及稳定性评估方法[J]. 岩石力学与工程学报，2010，29(8)：1570~1576.

[112] 殷建华，朱鸿鹄，裴华富等．特长隧道安全运营的光纤监测与预警[C]. 第八届海峡两岸通道(桥隧)工程学术讨论会文集．福州，2010，140~147.

[113] Prohaska J D, Snitzer K A, Ball G A, et al. Fiber optic Bragg grating strain sensor in large scale concrete structures [J]. SPIE, 1992, (1798): 286~294.

[114] Morey w w. Development of fiber Bragg gratings sensors for utility applications [R]. EPRI Report TR2105190. Project800429 Final Report. l995.

[115] Nellen P M, Adreas F, Rolf B, et al. Fiber optical bragg grating sensors embedded in CFRP wires [J]. SPIE, 1999, (3670): 440~449.

[116] Chan T H, Yu L, Tam H Y, et al. Fiber Bragg grating sensors for structural health monitoring of Tsing Ma bridge: background and experimental observation [J]. Engineering Structures, 2006, 28(5): 648~659.

[117] Morey ww, Meltg, Glennwh. Fiber optic Bragg grating sensors [C]. Proceedings of SPIE, 1989, 1169: 98~107.

[118] Othonosa, Kallik. Fiber Bragg gratings: fundamentals and applications in communications and Sensing [M]. London: Artech House, 1999.

[119] 田石柱，赵雪峰，欧进萍等．结构健康监测用光纤 Bragg 光栅温度补偿研究[J]. 传感器技术，2002，21 (12)：8~10.

[120] Bond, A. J. and Jardine, R. J. Shaft capacity of displacement piles in high OCR clay [J]. Géotechnique, 1995, 45(1): 3~23.

[121] Bolton M D, Gui M W, Garner J, et al. Centrifuge cone penetration tests in sand [J]. Geotechnique, 1999, 49(4): 543~552.

[122] Zeitlen, J. G. and Paikowsky, S. New design correlations for piles in sands. Discussion [J]. Journal of the Geotechnical Engineering Division, ASCE, 1982, 108 (GT11): 1515~1518.

[123] Meyerhof, G. G. Bearing capacity and settlement of pile foundations [J]. Journal of the Geotechnical Engineering Division, ASCE, 1976, 102(3): 195~228.

[124] Yasufuku, N. and Hyde, A. F. L. Pile end-bearing capacity in crushable sands [J]. Geotechnique, 1995, 45(4): 663~676.

[125] Coyle, H. M. and Castello, R. R. New design correlations for piles in sand [J]. Journal of the Geotechnical Engineering Division, ASCE, 1982, 108 (GT11): 1519~1520.

[126] Altaee, A., Fellenius, B. H. and Evgin, E. Load transfer for piles in sand and the critical depth [J]. Canadian Geotechnical Journal, 1993, 30, 455~463.

[127] Neely, W. J. Bearing capacity of expanded-base piles in sand [J]. Journal of Geotechnical Engineering, ASCE, 1990, 116(1): 73~87.

[128] 张忠苗．桩基工程[M]. 北京：中国建筑工业出版社，2007.

[129] Komurka, V. E., Wagner, A. B., and Edil, T. B. Estimating Soil/Pile Set-Up[R]. Wisconsin Department of Transportation, USA WHRP Report No. 03-05, 2003.

[130] Yang, Nai C. Relaxation of piles in sand and inorganic silt [J]. Journal of the Soil Mechanics and

Foundations Division, ASCE, 1970, 3, 395～409.

[131] Karlsrud, K., and Haugen, T. Axial static capacity of steel model piles in overconsolidated clay [C]. Proceeding of 11th International Conference on Soil Mechanics and Foundation Engineering: Balbema publisher, 1985, 1401～1406.

[132] Soderberg, Lars O. Consolidation theory applied to foundation pile time effects [J]. Géotechnique, 1961, 11(3): 217～225.

[133] White, D. J., and Bolton, M. D. Displacement and strain paths during plane strain model pile installation in sand [J]. Géotechnique, 2002, 54(6): 375～398.

[134] Pestana, Juan M., Hunt, Christopher E., and Bray, Jonathan D. Soil deformation and excess pore pressure field around a closed-ended pile [J]. Journal of Geotechnical and Geoenvironmental Engineering, ASCE, 2002, 128(1): 1～12.

[135] Randolph, M. F., Carter, J. P., and Wroth, C. P. Driven Piles in clay-the effects of installation and subsequent consolidation [J]. Géotechnique, 1979, 29(4): 361～393.

[136] Fakharian, K., and Evgin, E. Cyclic simple-shear behavior of sand-steel interfaces under constant normal stiffness condition[J]. Journal of Geotechnical and Geoenvironmental Engineering, 1997, 123(12): 1096～1105.

[137] DeJong, J. T., Randolph, M. F., and White, D. J. Interface load transfer degradation during cyclic loading: A microscale investigation [J]. Soils Foundation, 2003, 43(4): 81～93.

[138] Feng Yu and Jun Yang. Improved evaluation of interface friction on steel pipe pile in sand [J]. Journal of Performance of Constructed Facilities, ASCE, 2012, 26(2): 170～179.

[139] Vesic AC. Design of Pile foundation [C]. National Researth Council, Washington D. C. 1977.

[140] Jardine RJ&Lehane B M. Research into behavior of offshore piles: field experiments in sand and clay[C]. Health&Safety Executive, OTH Report 93401. HMSO. London, 1993.

[141] Poulos, H. G. Cyclic axial loading analysis of piles in sand [J]. Journal of the Geotechnical Engniering Division, ASCE, 1989, 115(6): 836～852.

[142] Chin, J. T., and Poulos, H. G. Tests on model jacked piles in calcareous sand [J]. Journal of Geotechnical Test, 1996, 19(2): 164～180.

[143] H. Kishida and M. Uesugi. Tests of the interface between sand and steel in the simple simple shear apparatus [J]. 1987, 37(1): 45～52.

[144] I. W. Johnston, T. S. K. Lam and A. F. Williams. Constant normal stiffness direct shear testing for socketed pile design in weak rock [J]. Géotechnique, 1987, 37(1): 83～89.

[145] Fioravante, V. On the shaft friction modeling of non-displacement piles in sand [J]. Soils and Foundations, 2002, 42(2): 23～33.

[146] Kazem Fakharian and Erman Evgin. Cyclic simple-shear behavior of sand-steel interfaces under constant normal stiffness condition [J]. Journal of Geotechnical and Geoenvironmental Engineering, ASCE, 1997, 123(12): 1096～1105.

[147] 张明义，邓安福．桩-土滑动摩擦的试验研究[J]．岩土力学，2002，4(23)：246～249.

[148] 杨有莲，朱俊高，余挺等．土与结构接触面力学特性环剪试验研究[J]．岩土力学，2009，30(11)：3256～3260.

[149] 朱俊高，R. R. Shakir 等．土-混凝土接触面特性环剪单剪试验比较研究[J]．岩土力学，2011，32(3)：692～696.

[150] 郑刚．高等基础工程学[M]．北京：机械工业出版社，2007.

[151] Schineider J, Xu X, Lehane B. Database assessment of CPT-based design methods for axial capaci-

ty of driven piles in siliceous sands [J]. Journal of Geotechnical and Geoenvironmental Engineering, 2008, 134(9): 1227～1244.

[152] G. 桑格列拉 . 地基土触探法[M]. 北京：中国建筑材工业出版，1975.

[153] O'Neill M. W., and Raines, R. D. Load transfer for pipe piles in highly pressured densesand [J]. Journal of Geotechnical Engineering, 1991, 117(8): 1208～1226.

[154] Coyle, H. M., and Reese, L. C. Load transfer for axially loaded piles in clay[J]. Journal of the Soil Mechanics and Foundations Division, 1966, 92(2): 1～26.

[155] 律文田，王永和，冷伍明 . PHC 管桩荷载传递的试验研究和数值分析[J]. 岩土力学，2006，27(3)：466～469.

[156] Randolph M F. Science and empiricism in pile foundation design [J]. Géotechnique, 2003, 53 (10): 847～875.

[157] Liu J W, Zhang Z M, Yu F, Xie Z Z. Case history of installing instrumented jacked open-ended piles [J]. Journal of Geotechnical and Geoenvironmental Engineering, 2012, 138(7), 810～820.

[158] Ameir Altaee, Bengt H. Fellenius, and Erman Evgin. Axial load transfer for piles in sand II: Numerical analysis [J]. Canadian Geotechnical Journal, 1992b, 29(1): 21～30.

[159] Lo Presti, D. Mechanical behavior of Ticino sand from resonant column tests [D]. Torino, Torino, Italy: Politecnico Di Torino, 1987.

[160] Kumruzzaman M, Yin J H. Influences of principal stress direction and intermadiate principal stress on the stress-strainstrength behaviour of completely decomposed granite [J]. Canadian Geotechnical Journal, 2010, 47(2): 164～179.

[161] Svinkin, Mark R., Skov R. Set-up effect of cohesive soils in pile capacity[C]. Proceedings of 6th International Conference on Application of Stress Waves to Piles, Sao Paulo, Brazil, Balkema, 2000, 107～111.

[162] 张明义，刘俊伟，张忠苗等 . 基于隔时复压试验的静压桩优化设计方法[J]. 岩土工程学报，2010，32(2)：320～324.

[163] Svinkin, Mark R. Setup and relaxation in glacial sand-discussion [J]. Journal of Geotechnical Engineering, ASCE, 1996, 122(4), 319～321.

[164] Svinkin, Mark R. Engineering judgement in determination of pile capacity by dynamic methods [J]. Deep Foundations Congress, Geotechnical Special Publication, ASCE, 2002, 2(116): 898～914.

[165] Titi, Hani H., and Wathugala, G. Wije. Numerical procedure for predicting pile capacity-setup/freeze[C]. Transportation Research Record 1663, No. 99-094, 1999, 8～15.

[166] Yang, Nai-Chen. Redriving characteristics of piles [J]. Journal of the Soil Mechanics and Foundations Division, ASCE, 1956, 82(SM3), 1026.

[167] Hannigan, Patrick J., Goble, et al. Design and Construction of Driven Pile Foundations-Volume I, Federal Highway Administration Report No. FHWA-HI-97-013, 1997, Sections 9.10 ～ 9.10.3.

[168] Samson, L., and Authier, J. Change in pile capacity with time: Case histories [J]. The Journal of Canadian Geotechnique, 1986, 23(1): 174～180.

[169] Huang, S. Application of dynamic measurement on long H-Pile driven into soft ground in Shanghai [C]. Proceeding 3rd International Conference on the Application of Stress-Wave Theory to Piles, Ottawa, Ontario, Canada, 1988, 635～643.

[170] Guang-Yu, Z. Wave equation applications for piles in soft ground[C]. Proceeding 3rd International Conference on the Application of Stress-Wave Theory to Piles, Ottawa, Ontario, Canada, 1988,

831～836.

[171] Bogard, J. D., and Matlock, H. Application of model pile tests to axial pile design[C]. 22nd annual Offshore Technology Conference, Houston, 1990, Vol. 3, 271～278.

[172] 陈书申．固结效应与静压预制桩技术应用[J]. 土工基础，2001，15(4)：27～30.

[173] 胡琦，蒋军，严细水等．回归法分析预应力管桩单桩极限承载力时效性[J]. 哈尔滨工业大学学报，2006，38(4)：602～605.

[174] 桩基工程手册编写委员会．桩基工程手册[M]. 中国建筑工业出版社，1995.

[175] Holloway, D. Michael, and Beddard, Darrell L. Dynamic Testing Results, Indicator Pile Test Program - I-880[C]. Oakland, California, Deep Foundations Institute 20th Annual Members Conference and Meeting, 1995, 173～187.

[176] Wang, Shin-Tower, and Reese, Lymon C. Predictions of response of piles to axial loading, Predicted and Observed Axial Behavior of Piles[R]. Geotechnical Special Publication No. 23, ASCE, 1989, 173～187.

[177] Camp III, William M., Wright, et al. The effect of overburden of pile capacity in calcareous marl [C]. Deep Foundations Institute 18th Annual Members' Conference, 1993, 23～32.

[178] Camp III, W. M., and Parmar, H. S. Characterization of pile capacity with time in the cooper marl: A study of the applicability of a past approach to predict long-term pile capacity[C]. Emre, TRB, 1999, 1～19.

[179] Axelsson, Gary. A conceptual model of pile set-up for driven piles in non-cohesive soil [J]. Deep Foundations Congress, Geotechnical Special Publication, ASCE, 2002, 116(1): 64～79.

[180] Bullock, Paul Joseph. Pile friction freeze: A field and laboratory study [D]. Florida, UK: University of Florida, 1999.

[181] Chow, F. C., Jardine, R. J., Brucy, F., et al. Effects of time on capacity of pipe piles in dense marine sand[J]. Journal of Geotechnical and Geoenvironmental Engineering, ASCE, 1998, 124 (3): 254～264.

[182] Seed, H. B., and Reese, L. C. The action of soft clay along friction piles[C]. Proceedings of the American Society of Civil Engineers, 1995, 842.

[183] Tomlinson, M. J. Some effects of pile driving on skin friction[C]. Proceeding of ICE Conference, London, 1971, 107～114.

[184] Wardle, I. F., Price, G., and Freeman, T. J. Effect of time and maintained load on the ultimate capacity of piles in stiff clay[C]. Piling: European Practice and Worldwide Trends, ICE, London, UK, 1992, 92～99.

[185] Azzouz, Amr S., Baligh, Mohsen M., and Whittle, Andrew J. Shaft resistance of piles in clay [J]. Journal of Geotechnical Engineering, ASCE, 1990, 116(2): 205～221.

[186] Whittle Andrew J., and Sutabutr, Twarath. Prediction of pile setup in clay[R]. Transportation Research Record 1663, 1999, Paper No. 99～1152, 33～40.

[187] Schmertmann, John H. The mechanical aging of soils [J]. Journal of Geotechnical Engineering, ASCE, 1991, 117(9): 1288～1330.

[188] Axelsson, Gary. Long-term set-up of driven piles in non-cohesive soils evaluated from dynamic tests on penetration rods[C]. Proceedings of the First International Conference on Site Characterization, 1998, Vol. 2, 895～900.

[189] McVay, M. C., Schmertmann, J., Townsend, F., et al. Pile friction freeze: A field and laboratory study[R]. Florida Department of Transportation, 1999, Volume 1, 192～195.

[190] Astedt, B., Weiner, L., and Holm, G. Increase in bearing capacity with time of friction piles in sand[C]. Proceeding Nordic Geotechnical. Meeting, 1992, 411～416.

[191] Attwooll, William, J., Holloway, D. Michael, Rollins, Kyle M., et al. Measured pile setup during load testing and production piling - I-15 Corridor Reconstruction Project in Salt Lake City, Utah[R]. Transportation Research Record 1663, 2001, Paper No. 99-1140, 1～7.

[192] Walton, Phillip A., and Borg, Stephen L. Dynamic pile testing to evaluate quality and verify capacity of driven piles [J]. Transportation Research Board, 1998, 1～7.

[193] Chow, F. C., R. J. Jardine, J. F. Nauroy, et al. Time-related increase in shaft capacities of driven piles in sand [J]. Géotechnique, 1997, 47(2): 353～361.

[194] Malhotra, S. Axial load capacity of pipe piles in sand: eevisited [J]. Deep Foundations Congress, Geotechnical Special Publication, ASCE, 2002, 2 (116): 1230～1246.

[195] Dudler, E. V., Durante, V. A., and Smirnov, C. D. Experience gained in using the penetrometer probe for soil investigation in conjunction with energy-related constructions in the soviet union[C]. INFORM-ENERGO, Moscow, Soviet Union, 1968, 63.

[196] Finno, Richard J., Achille, Jacques, et al. Summary of pile capacity predictions and comparison with observed behavior [J]. Geotechnical Special Publication, ASCE, 1989, 23: 356～385.

[197] Bjerrum, L., Hansen, and Sevaldson. Geotechnical investigations for a quay structure in Iiorton [C]. Norwegian Geotechnical Publication, 1958, No. 28, Oslo.

[198] Preim, M. J., March, R., and Hussein, M. Bearing capacity of piles in soils with time dependent characteristics[J]. Piling and Deep Foundations, 1989(1): 363～370.

[199] 郭进军．静压桩承载力时间效应机制的室内试验研究[D]. 南京：河海大学硕士论文，2007.

[200] 高子坤．静压桩沉桩挤土效应和桩间土固结特征理论分析[D]. 南京：河海大学博士论文，2007.

[201] Charles J. Winter, Alan B. Wagner, Van E. Komurka. Final Report of Investigation of Standard Penetration Torque Testing (SPT-T) to Predict Pile Performance[R]. Report of Wisconsin Highway Research Program, 2005.

[202] Gary Axelsson. Long-term set-up of driven piles in sand[D]. Stockholm, Sweden, The University of Stockholm, 2000.

[203] 李雄，刘金励．饱和软土中预制桩承载力时效的研究[J]. 岩土工程学报，1992，14(4)：9～16.

[204] R. J. Jardine, J. R. Standing, F. C. Chow. Some observation of the effects of time on the capacity of piles in sand[J]. Geotechnique, 2006, 56(4): 227～244.

[205] Fleming, W. G. K., and W. K. Elson. Pile Engineering [M]. 1992, 118～122.

[206] Bullock, P. J., Schmertmann, J. H., McVay, M. C., et al. Side shear setup. II: Results from Florida test piles [J]. Journal of Geotechnical and Geoenvironmental Engineering, ASCE, 2005, 131(3): 301～310.

[207] 邓志勇，陆培毅．几种单桩竖向极限承载力预测模型的对比分析[J]. 岩土力，2002，23(4)：428～431.

[208] 戚科骏，徐美娟，宰金珉．单桩承载力的灰色预测方法[J]. 岩石力学与工程学报，2004，23(12)：2069～2071.

[209] 张明义，刘俊伟．砂土．风化岩地基中钻孔灌注桩抗拔承载力时效性研究[J]. 岩土力学，2008，29(11)：3153～3156.

[210] Zhang Mingyi, Liu Junwei. The Increase of wave-velocity with time in driven piles[J]. Journal of Geotechnical Engineering, 2011, 164(1): 27～31.

[211] 张明义，章伟．预制桩波速随时间增长的试验现象及分析[J]．重庆建筑大学学报，2006，28(6)：62～64.

[212] 徐攸在．动力测定桩承载力方法[J]．岩土工程学报，1992，14(1)：74～83.

[213] 徐攸在．对“动力测定桩承载力的方法”讨论的答复[J]．岩土工程学报，1993，15(2)：113～118.